职业教育改革发展示范学校建设成果系列教材

数控铣削操作实训

徐成辉◎主　编

张　伟　林晓殊◎副主编

U0284492

中国铁道出版社有限公司

CHINA RAILWAY PUBLISHING HOUSE CO., LTD.

内 容 简 介

本书为职业教育改革发展示范学校建设成果系列教材的一种,是根据教育部制定的技能型紧缺人才培养培训工程中数控技术应用专业的教改意见,并参照人力资源和社会保障部制定的《数控铣工——国家职业标准》中有关数控操作工等级考核标准编写的。

全书主要内容有实训铣床的认知、数控铣床常用工具、数控铣削准备、单项工加工实训、综合件加工训练、企业加工实例——连杆件加工、中级工考核例题讲解、高级工考核例题讲解、FANUC Oi 系统指令表以及数控铣工国家职业标准等。

本书适合作为中等职业学校数控技术应用专业教材,也可作为相关技术人员的参考用书。

图书在版编目(CIP)数据

数控铣削操作实训/徐成辉主编. —北京:中国铁道出版社有限公司, 2021.3
职业教育改革发展示范学校建设成果系列教材
ISBN 978-7-113-26244-0

Ⅰ.①数… Ⅱ.①徐… Ⅲ.①数控机床–铣削–中等专业学校–教材 Ⅳ.①TG547

中国版本图书馆 CIP 数据核字(2019)第 279672 号

书　　　名:数控铣削操作实训
作　　　者:徐成辉

策　　　划:李中宝　陈　文　　　　　编辑部电话:(010)83529867
责任编辑:李中宝　钱　鹏
封面设计:刘　颖
责任校对:焦桂荣
责任印制:樊启鹏

出版发行:中国铁道出版社有限公司(100054,北京市西城区右安门西街 8 号)
网　　　址:http://www.tdpress.com/51eds/
印　　　刷:北京富资园科技发展有限公司
版　　　次:2021 年 3 月第 1 版　2021 年 3 月第 1 次印刷
开　　　本:787 mm×1 092 mm　1/16　印张:7.75　字数:184 千
书　　　号:ISBN 978-7-113-26244-0
定　　　价:25.00 元

前　言

　　本书是根据教育部制定的技能型紧缺人才培养培训工程中数控技术应用专业的教改意见,并参照人力资源和社会保障部制定的《数控铣工——国家职业标准》中有关数控操作工等级考核标准编写的。在具体编写过程中,编者结合自己的实践和教学经验,从数控铣床的基础知识和基本操作讲起,系统介绍了数控铣床编程基础知识和加工工艺安排知识。本书例题的加工编程,均采用 FANUC 系统进行讲解。

　　本书的主要特点如下:

　　● 体现"教、学、做"一体的职业技术教育思想。本着"够用为度、实用为本"的原则,充分体现项目引领、任务驱动的教学理念,以典型的技术项目为载体,搭建课程的理论教学和实践教学平台,把实施技术项目作为目标任务来引领课程教学,在完成典型技术项目过程中实现课程目标。

　　● 结合大量编程实例,逐步增加编程所用代码以及加工零件难度,对加工工艺的安排也按照由浅入深的原则进行。

　　● 本书以就业为导向,以企业用人标准为依据,力求使学生在掌握技能的同时熟知相关国家职业标准,时刻注意提升自己的技能水平。

　　本书由徐成辉任主编,张伟、林晓殊任副主编。

　　由于编者的水平有限,书中难免有不妥之处,敬请读者批评指正。

编　者
2020 年 7 月

目　录

项目一　实训铣床的认知

● **项目引言**

随着机电一体化技术的高速发展,产品的更新速度越来越快,产品生产批量较小,因此其加工精度要求较高。为满足要求,在现代制造行业中,数控加工技术的应用越来越广泛。数控铣床和加工中心是功能较齐全的数控加工机床。

● **能力目标**

(1)了解数控铣床的分类组成。

(2)了解数控铣床的基本结构及工作流程。

(3)树立安全文明生产的意识,杜绝安全事故的发生。

任务一　认知数控铣床结构与加工的工作流程

任务描述

数控铣床和加工中心是功能较齐全的数控加工机床。它将铣削、镗削、钻削、螺纹加工等功能集中在一台设备上。那么数控铣床的分类有哪些?数控铣床的组成又有哪几部分?

一、数控铣床概述

数控铣床是一种功能较强的机床,其加工范围广、工艺复杂、涉及的技术问题较多,是数控加工领域中具有代表性的一种机床。与普通铣床相比,数控铣床具有加工精度高、精度稳定性好、适应性强,特别适应于图1－1和图1－2所示的板类、盘类、壳具类、模具类等辅助性的零件或对精度保持性要求较高的中、小批量零件的加工。

图1－1　零件实物1

图1－2　零件实物2

1. 数控铣床的分类

数控铣床可根据主轴位置及系统控制的坐标轴数量的不同进行分类。

(1)按主轴位置的不同进行分类。

按数控铣床主轴位置的不同可将其分为以下三类:

① 立式数控铣床。立式数控铣床的主轴垂直于水平面,如图 1-3(a)所示。小型数控铣床一般都采用工作台移动、升降及主轴不动方式,与普通立式升降台铣床结构相似;中型数控铣床一般采用纵向和横向工作台移动方式,且主轴沿垂直溜板上下运动;大型数控铣床因要考虑到扩大行程、缩小占地面积及刚性等技术问题,往往采用龙门架移动方式,其主轴可以在龙门架的纵向与垂直溜板上运动,而龙门架则沿床身做纵向移动,这类结构的铣床又称龙门式数控铣床,如图 1-3(b)所示。

② 卧式数控铣床。卧式数控铣床的主轴平行于水平面,如图 1-3(c)所示。为了扩大加工范围和扩充功能,卧式数控铣床通常采用增加数控转盘或万能数控转盘来实现 4~5 个坐标,进行"四面加工",如图 1-3(d)所示。

③ 立、卧两用数控铣床。立、卧两用数控铣床的主轴方向可以更换(有手动与自动两种),既可以进行立式加工,又可以进行卧式加工,其使用范围更广、功能更全。当采用数控万能主轴头时,其主轴头可以任意转换方向,加工出与水平面呈各种不同角度的工件表面。当增加数控转盘后,就可以实现对工件的"五面加工"。

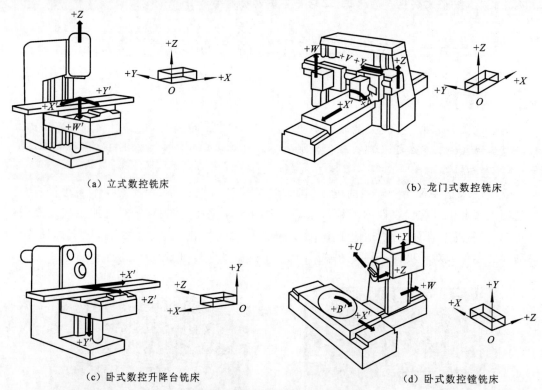

(a)立式数控铣床 (b)龙门式数控铣床

(c)卧式数控升降台铣床 (d)卧式数控镗铣床

图 1-3 各类数控铣床示意图

(2)按系统控制的坐标轴数量进行分类。

数控机床按其系统控制的坐标轴数量可分为以下四种:

① 2.5 坐标联动数控铣床(只能进行 X、Y、Z 三个坐标轴中的任意两个坐标轴联动加工)。

② 3 坐标联动数控铣床。

③ 4 坐标联动数控铣床。

④ 5 坐标联动数控铣床。

图 1-4 所示为 XK5040A 型数控铣床的布局图。

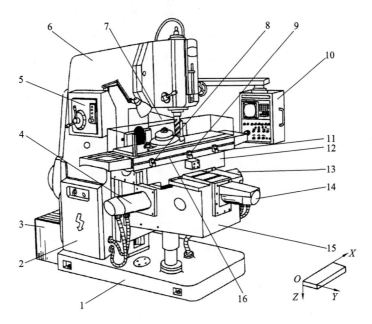

图 1-4　XK5040A 型数控铣床的布局图

1—底座;2—强电柜;3—变压器箱;4—垂直升降进给伺服电动机;5—主轴变速手柄和按钮板;
6—床身;7—数控柜;8—保护开关;9—挡铁;10—操纵台;11—保护开关;12—横向溜板;
13—纵向进给伺服电动机;14—横向进给伺服电动机;15—升降台;16—纵向工作台

2. 数控铣床的组成

数控铣床一般是由主轴箱、进给伺服系统、控制系统、辅助装置、机床基础件等几大部分组成。

(1)主轴箱。主轴箱包括主轴箱体和主轴传动系统,用于装夹刀具和带动刀具旋转,主轴转速范围和主轴扭矩对加工有直接影响。

(2)进给伺服系统。进给伺服系统由进给电动机和进给执行机构组成,按照程序设定的进给速度实现刀具和工件之间的相对运动,包括直线进给运动和旋转运动。

(3)控制系统。数控铣床运动控制的中心,执行数控加工程序控制机床进行加工。

(4)辅助装置。辅助装置通常是指液压、气动、润滑、冷却系统和排屑、防护装置等。

(5)机床基础件。机床基础件通常是指底座、立柱、横梁等,它是构成整个机床的基础和框架。

二、工作流程

数控机床是一种按照输入的数字程序信息进行自动加工的机床。数控加工泛指在数控机床上进行零件加工的工艺过程。数控加工技术是指高效、优质地实现产品零件特别是复杂形状零件加工的有关理论、方法与实现的技术,它是自动化、柔性化、敏捷化和数字化制造加工的基础与关键技术。该技术集传统机械制造、计算机、现代控制、传感检测、信息处理、光机电技术于一体,是现代机械制造技术的基础。它的广泛应用,给机械制造业的生产方式及产品结构带来了深刻的变化。数控技术的水平和普及程度,已经成为衡量一个国家综合国力和工业现代化水平的重要标志。一般来说,数控加工涉及数控编程技术和数控加工工艺两大方面。数控加工过程包括根据给定的零件加工要求(零件图样、CAD 数据或实物模型)进行加工的全过程,其主要内容如图 1-5 所示。

数控编程技术涉及制造工艺、计算机技术、数学、计算几何、微分几何、人工智能等众多学科领域知识,它所追求的目标是如何更有效地获得满足各种零件加工要求的高质量数控加工程序,以便更充分地发挥数控机床的性能,获得更高的加工效率与加工质量。数控编程是实现数控加工的重要环节,特别是对于复杂零件的加工,编程工作的重要性甚至超过数控机床本身。在现代生产中,由于产品形状及质量信息往往需通过坐标测量机或直接在数控机床上测量来得到,测量运动指令也有赖于数控编程来产生,因此数控编程对于产品质量控制也有着重要的作用。

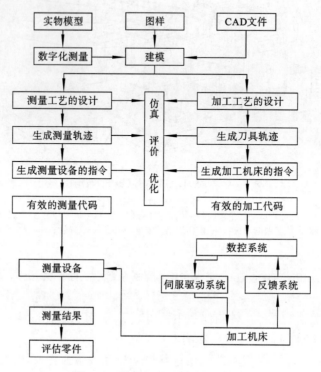

图1-5 数控加工过程及主要内容

思考与练习

简述数控铣床的基本结构及工作流程。

任务二 认知铣床安全操作规程

任务描述

为了正确、安全、合理地使用数控铣床,保证机床正常运转,必须制订比较完整的数控铣床操作规程。

要养成安全文明生产的良好习惯,应注意以下四个方面的要求:

一、安全操作基本注意事项

(1)工作时请穿好工作服、安全鞋,戴好工作帽,禁止戴手套操作机床。

（2）禁止移动或损坏安装在机床上的警告标牌。

（3）禁止在机床周围放置障碍物，应保证有足够大的工作空间。

（4）某一项工作如果需要两人或多人共同完成时，应注意相互操作的协调一致。

（5）禁止使用压缩空气清洗机床、电气柜及 NC 单元，也不允许吹去碎屑。

二、工作前的准备工作

（1）遵守一般机床中的操作规程。

（2）开机前，检查机床各部位状况是否正常，其操作如图 1-6 所示。检查一切正常，按下"急停"键后，机床方可通电。通电后，检查指示灯和风扇运转情况，如果正常，可进行复位。

图 1-6 开机前的检查

（3）机床通电后，检查各开关和按键是否正常、灵活，机床有无异常现象。机床通电后，CNC 装置尚未出现位置显示或报警画面前，请不要触碰 MDI 面板上任何按键，MDI 面板上的有些按键专门用于维护和特殊操作，在开机的同时按下这些按键，可能使机床产生数据丢失等误操作。

（4）对照图样，检查工件是否合乎加工要求。工件合格，方可上机床加工。工件的装夹要牢固，选点要正确。

（5）按加工工艺要求准备工具、量具和刀具。

（6）机床在开机后运转 15 min 以上，使机床达到热平衡状态后再进行工件的加工。

（7）工具、量具及其他物品不准放在机床台面上，也不能放在影响机床运行的地方。

（8）按图样确定加工工艺，根据加工工艺仔细编程，根据工件的状态选择合适的参考点。

（9）选择合格的刀具。装夹刀具前，注意压缩空气的压力，正常使用的压力为 0.5 ~ 0.7 MPa，当压力低于 0.5 MPa 时，刀具会装夹不牢，非常危险。

（10）检查各刀头的安装方向及各刀具旋转方向是否合乎程序要求。

三、工作过程中的安全注意事项

（1）进行加工时，注意机床的润滑和冷却，任何人都不能进入其运动范围内，操作人员也不要直接或间接地接触机床的运动部位。不要用湿手或湿物接触按钮和开关。

（2）单端试切时，应使倍率开关置于低挡。

（3）按照图样检验工件加工情况，对质量要求高的部位要进行单独检验。对批量加工的工件,要进行全检。

(4)程序修改后,对修改部分一定要仔细计算和认真核对。

(5)在机床运行中一旦发现异常情况,应立即按下红色"急停"按钮,终止机床的所有运动和操作。待故障排除后,方可重新操作机床和执行程序。如果出现机床报警信息,应根据报警号查明原因并及时排除故障。

四、工作完成后的注意事项

(1)工件加工完毕,通知检验人员检验,合格后转入下一道工序或入成品库。

(2)卸下夹具。对某些夹具应记录安装位置和方位,并做记录和存档。

(3)整理现场,清扫机床。严禁用高压空气吹扫机床。整理好工具、量具、刃具,摆放好工件,清扫机床周围地面。

(4)关闭电源,做好记录。

思考与练习

1.简述数控铣床基本结构和分类。

2.数控铣床加工特点有哪些?

3.简述数控铣床的加工过程与操作过程。

4.数控铣床安全操作注意事项有哪些?

● **完成任务**(任务学习完成后填写项目评价表)

任务评价表

课程_____   日期_____   组别_____   组员_____

项目内容					
掌握情况	数控铣床安全操作规程	数控铣床基本结构	数控铣床的特点	数控铣床的分类	数控铣床加工过程
分析原因及对策					
填表人		检测人		审核人	

任务三 认知 FANUC Oi mate MC 及其面板简介

 **任务描述**

本任务主要熟悉 FANUC Oi mate 数据系统,包括系统操作面板,机床控制面板。

FANUC Oi mate 数控系统面板简介

FANUC Oi mate 数控系统面板由系统操作面板和机床控制面板两部分组成。

1. 系统操作面板

系统操作面板组成包括 CRT 显示区、MDI 编辑面板两部分,如图 1-7 所示。

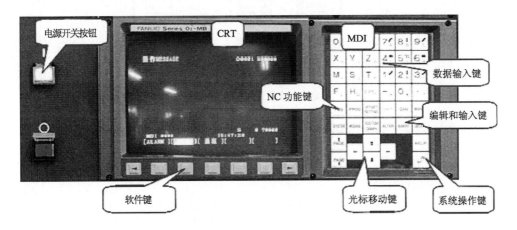

图 1-7 FANUC Oi mate-MC 数控系统操作面板

(1)CRT 显示区:位于整个机床面板的左上方,包括显示区和屏幕相对应的功能软键,如图 1-8 所示。

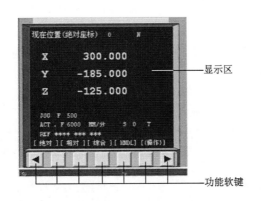

图 1-8 FANUC Oi mate-MC 数控系统 CRT 显示区

(2)MDI 编辑面板:一般位于 CRT 显示区的右侧。MDI 编辑面板上各功能键的位置(见图 1-9)、名称及功能如表 1-1 和表 1-2 所示。

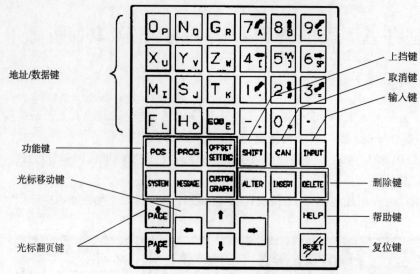

图 1-9 FANUC Oi mate-MC 数控系统 MDI 显示区

表 1-1 FANUC Oi mate-MC 数控系统 MDI 编辑面板上主功能键与功能说明

序　号	按键符号	名　称	功　能　说　明
1	POS	位置显示键	显示刀具的坐标位置
2	PROG	程序显示键	在 EDIT 模式下显示存储器内的程序;在 MDI 模式下,输入和显示 MDI 数据;在 AUTO 模式下,显示当前待加工或者正在加工的程序
3	OFFSET SETTING	参数设定/显示键	设定并显示刀具补偿值、工件坐标系,以及宏程序变量
4	SYSTEM	系统显示键	系统参数设定与显示,以及自诊断功能数据显示等
5	MESSAGE	报警信息显示键	显示 NC 报警信息
6	CUSTOM GRAPH	图形显示键	显示刀具轨迹等图形

表 1-2　FANUC Oi mate-MC 数控系统 MDI 面板上其他按键与功能说明

序号	按键符号	名　　称	功能说明
1	RESET	复位键	用于所有操作的停止或解除报警,CNC 复位
2	HELP	帮助键	提供与系统相关的帮助信息
3	DELETE	删除键	在 EDIT 模式下,删除已输入的文字字及 CNC 中存在的程序
4	INPUT	输入键	输入加工参数等数值
5	CAN	取消键	清除输入缓冲器中的文字或者符号
6	INSERT	插入键	在 EDIT 模式下,可在光标所在位置后输入字符
7	ALTER	替换键	在 EDIT 模式下,替换光标所在位置的字符
8	SHIFT	上挡键	用于输入处在上挡位置的字符
9	PAGE↑ PAGE↓	光标翻页键	用于向上或者向下翻页
10	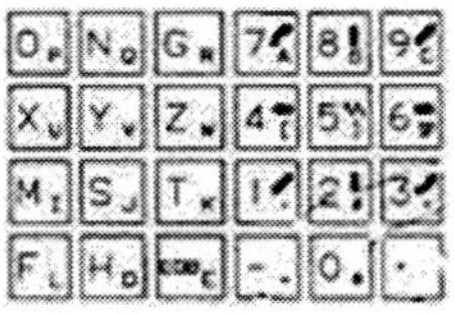 程序编辑键区	程序编辑键	用于 NC 程序的输入
11	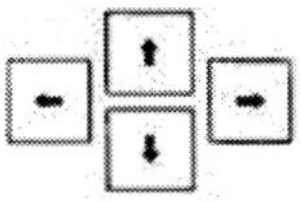 ←↑↓→	光标移动键	用于改变光标在程序中的位置

2. 机床控制面板

FANUC Oi mate-MC 数控系统的机床控制面板通常在 CRT 显示区的下方,如图 1-10 所示。各按键(旋钮)的名称及功能如表 1-3 所示。

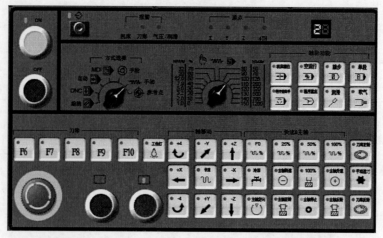

图 1-10 FANUC Oi mate-MC 数控系统的机床控制面板

表 1-3 FANUC Oi mate-MC 数控系统的机床控制面板各按键及功能

序号	按键、旋钮符号	按键、旋钮名称	功能说明
1		系统电源开关按钮	按下上边绿色按钮,机床系统电源开启;按下下边红色按钮,机床系统电源关闭
2		急停按钮	紧急情况下按下此按钮,机床停止一切运动
3		循环启动按钮	在 MDI 或者 MEM 模式下,按此按钮,机床自动执行当前程序
4		循环启动停止按钮	在 MDI 或者 MEM 模式下,按此按钮,机床暂停程序自动运行
5		进给倍率旋钮	以给定的 F 指令进给时,可在 0% ~ 150% 的范围内修改进给率。JOG 方式时,也可用其改变 JOG 速率
6		机床的工作方式旋钮	(1)EDIT:编辑方式; (2)DNC:DNC 工作方式; (3)MEM:自动方式; (4)MDI:手动数据输入方式; (5)MPG:手轮进给方式; (6)JOG:手动连续进给方式; (7)ZRN:手动返回机床参考零点方式

序号	按键、旋钮 符号	按键、旋钮 名称	功能说明
7		轴进给方向按键	在 JOG 或者 RAPID 模式下,按下某一运动轴按键,被选择的轴会以进给倍率的速度移动,松开按键则轴停止移动
8		主轴顺时针转按键	按下此键,主轴顺时针旋转
9		主轴逆时针转按键	按下此键,主轴逆时针旋转
10		机床锁定开关按键	在 MEM 模式下,此键为 ON 时(指示灯亮),系统连续执行程序,但机床所有的轴被锁定,无法移动
11		程序跳段开关按键	在 MEM 模式下,此键为 ON 时(指示灯亮),程序中"/"的程序段被跳过执行;此键为 OFF 时(指示灯灭),完成执行程序中的所有程序段
12		选择停止开关按键	在 MEM 模式下,此键为 ON 时(指示灯亮),程序中的 M01 有效;此键为 OFF 时(指示灯灭),程序中 M01 无效
13		空运行开关按键	在 MEM 模式下,此键为 ON 时(指示灯亮),程序以快速方式运行;此键为 OFF 时(指示灯灭),程序以 F 指令的进给速度运行
14		单段执行开关按键	在 MEM 模式下,此键为 ON 时(指示灯亮),每按一次循环启动键,机床执行一段程序后暂停;此键为 OFF 时(指示灯灭),每按一次循环启动键,机床连续执行程序段
15		空气冷却开关按键	按下此键可以控制冷却空气的打开或者关闭
16		冷却液开关按键	按下此键可以控制冷却液的打开或者关闭

续表

序号	按键、旋钮符号	按键、旋钮名称	功能说明
17		机床润滑键	按压此键,机床会自动加润滑油
18		机床工作灯开关键	此键为 ON 时,打开机床的照明灯;此键为 OFF 时,关闭机床照明灯

思考与练习

1. 简述 FANUC Oi mate 面板的功能划分。
2. 面板上各功能键的含义是什么?

任务四　数控铣床的日常维护和保养

任务描述

为了正确合理地使用数控铣床,保证机床的正常运转,除了必须遵守严格的铣床安全操作规程外,还应定时给机床进行日常维护和保养。

数控铣床的日常维护和保养的注意事项包括以下三点:

(1)开机前对机床电器进行检查。

(2)气路的工作压力不低于 0.5 MPa(5 kg/cm²)。

(3)观察机床导轨和丝杠的表面润滑是否充分。

数控铣床的日常维护和保养需做到以下几方面:

(1)润滑对机床的运动元件非常重要,润滑系统在任何时候都必须动作正常,否则将对机床造成严重的损害。

(2)润滑油泵在机床背面的左下方,可以直接看到油泵储油杯中的油量,操作者应定期检查润滑油的油位,如油位太低,请立即加油。加油时如油从溢流孔中溢出,请立即擦干以防止发生意外。

(3)一定要从油泵的加油口加油。加油时应采用手动高压枪,严禁从油杯上端拆开端盖直接加油,因为上端盖加油容易带进灰尘,从而影响润滑油润滑系统。

(4)机床的主轴润滑采用手动集中润滑,在每台主轴的左侧有一个集中润滑的加油口,采用高压油枪加油,每台主轴每月加油量为 2 mL;需要注意的是,主轴的加油量应控制在 2 mL/月,严禁过量加油,否则会影响主轴的高速加工。

(5)机床和主轴推荐使用 00#润滑脂。

(6)工作时,如果机床出现异常,请关机排除异常后再工作。

(7)对真空泵除尘抽屉里的粉尘要每天清除,每班关机后对机床进行清洁。

（8）定期检查机床紧急停止电路的完整性。

（9）丝杠两端的轴承润滑，每月压入锂基润滑脂一次，每次 2 mL。

（10）齿轮箱中的润滑油工作 500 h 后应全部更换，此后每 2 000 h 更换润滑油一次。

（11）真空过滤布袋每月清洗一次。

（12）定期检查真空管道连接部分连接的牢固性。

（13）电气箱内灰尘，每月用吸尘设备清洁一次。

（14）请定期检查各运动部件的螺钉、螺栓是否有松动。

（15）数控铣床所使用的刀具尽量采用进口刀具，以避免因刀具精度不够而损坏设备或影响加工精度。

（16）比雅斯加工心中 1 号轴、2 号轴上的滑座每班需加油一次，每次 2 mL。

（17）正确操作计算机，每次开关机请遵循正确的操作步骤，不可直接关闭电源，以免破坏程序。

思考与练习

如何进行铣床导轨和丝杠的润滑？

• **完成任务**（任务学习完成后填写项目评价表）

任务评价表

课程_____　　日期_____　　组别_____　　　　组员_____

项目内容					
掌握情况	FANUC 面板功能的区分	面板上各按键的功能	铣床操作的步骤	建立和删除程序	导轨和丝杠的润滑
分析原因及对策					
填表人		检测人		审核人	

项目二　数控铣床常用工具

• **项目引言**

　　质量是企业的生命,为切实加强产品质量、不断提高产品质量,必须实行专职检查与工人自检的密切配合,对每道工序进行质量检验。同时,数控铣削刀具是机械制造中用于切削加工的工具,又称切削工具,铣削刀具及其参数的选择将直接影响加工效果及加工质量。

　　常用的测量器具包括以下几类:

　　(1)基准量具,是测量中用作标准量的量具,如基准米尺、量块、角度量块、90°角尺和线纹尺。

　　(2)极限量规,是一种没有刻度的、用以检验零件尺寸或形状及相互位置的专用检验工具。它只能判断零件是否合格,而不能得到具体尺寸。

　　(3)检验夹具,也是一种专用的检验工具,配合各种比较仪使用可用来检验更多和更复杂的数据。

　　(4)通用测量器具,是指有刻度并能量出具体数值的测量器具。它包括以下几种类型:

　　① 游标量具:包括游标卡尺、游标高度尺及游标量角器等。

　　② 微动螺旋量具:包括内(外)径千分尺、深度千分尺等。

　　③ 机械量具:包括杠杆齿轮比较仪、扭簧比较仪等。

　　④ 光学量仪:包括比较仪、测长仪、投影仪、干涉仪。

　　⑤ 气动量仪:包括压力表式气动量仪、浮标式气动量仪等。

　　⑥ 电动量仪:包括电感式比较仪、电动轮廓仪等。

　　⑦ 其他常用的测量工具。

• **能力目标**

　　(1)了解并掌握基准量具的原理及使用方法。

　　(2)掌握游标量具和千分尺的使用方法。

　　(3)掌握百分表和寻边器、对刀仪的使用方法。

　　(4)了解数控铣削加工刀具。

　　(5)掌握数控铣床和加工中心常用刀具的选用方法。

　　(6)掌握数控铣削加工常用的对刀方法。

任务一　游标卡尺的正确使用

 **任务描述**

　　应用游标读数原理制成的量具有游标卡尺,游标高度尺、游标深度尺、万能角度尺和齿厚游标卡尺等,用以测量零件的外径、内径、长度、宽度、厚度、高度、深度、角度以及齿轮的齿厚等,其应用范围非常广泛。下面介绍几种常用的游标卡尺的使用方法。

一、游标卡尺的结构形式

　　游标卡尺是一种常用的量具,具有结构简单、使用方便、精度中等和测量的尺寸范围大等特点,可以用来测量零件的外径、内径、长度、宽度、厚度、深度和孔距等,应用范围很广。

游标卡尺有以下三种结构形式:

(1)测量范围为 0~125 mm 的游标卡尺,制成带有刀口形的上、下量爪和带有深度尺的形式,如图 2-1 所示。

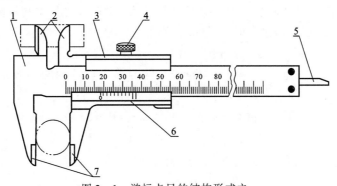

图 2-1 游标卡尺的结构形式之一

1—尺身;2—上量爪;3—尺框;4—紧固螺钉;5—深度尺;6—游标;7—下量爪

(2)测量范围为 0~200 mm 和 0~300 mm 的游标卡尺,可制成带有内、外测量面的下量爪和带有刀口形的上量爪的形式,如图 2-2 所示。

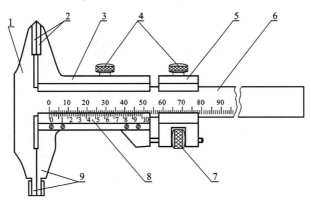

图 2-2 游标卡尺的结构形式之二

1—尺身;2—上量爪、3—尺框;4—紧固螺钉;5—微动装置;

6—主尺;7—微动螺母;8—游标;9—下量爪

(3)测量范围为 0~200 mm 和 0~300 mm 的游标卡尺,也可制成只带有内、外测量面的下量爪的形式,如图 2-3 所示。而测量范围大于 300 mm 的游标卡尺,制成仅带有下量爪的形式。

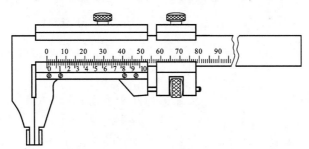

图 2-3 游标卡尺的结构形式之三

二、游标卡尺的读数原理和读数方法

游标卡尺的读数机构,是由主尺和游标两部分组成的,如图 2-2 所示的 6 和 8。当活动量爪与固定量爪贴合时,游标上的"0"刻线(简称游标零线)对准主尺上的"0"刻线,此时量爪间的距离为"0",如图 2-2 所示。当尺框向右移动到某一位置时,固定量爪与活动量爪之间的距离,就是零件的测量尺寸,如图 2-1 所示。此时零件尺寸的整数部分,可在游标零线左边的尺身刻线上读出来,而小于 1 mm 的小数部分,可借助游标读数机构来读出,现以规格为 0.02 mm 的游标卡尺为例介绍其读数原理和读数方法。

图 2-4 所示为规格是 0.02 mm 的游标卡尺的游标尺寸,尺身每小格 1 mm,当两爪合并时,游标上的 50 格刚好等于主尺上的 49 mm,则游标每格间距 = (49 ÷ 50) mm = 0.98 mm;尺身每格间距与游标每格间距相差 = (1 - 0.98) mm = 0.02 mm,0.02 mm 即为此种游标卡尺的最小读数值。

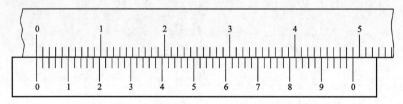

图 2-4 游标读数值为 0.02 mm 的游标尺寸

在图 2-5 所示的游标卡尺的读数中,游标零线在 123 ~ 124 mm,游标上的第 11 格刻线与尺身刻线对齐。所以,被测尺寸的整数部分为 123 mm,小数部分为 (11 × 0.02) mm = 0.22 mm,被测尺寸为 (123 + 0.22) mm = 123.22 mm。

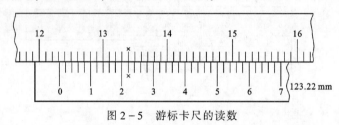

图 2-5 游标卡尺的读数

思考与练习

简述游标卡尺测量原理及卡尺结构。

任务二 千分尺的正确使用

千分尺是一种测量精度比游标卡尺更高的精密量具,目前常用的千分尺的测量精度为 0.01 mm。

千分尺的种类很多,包括外径千分尺、内径千分尺、深度千分尺、公法线千分尺、壁厚千分尺等,主要根据其使用场合而划分,如外径千分尺主要测量工件的外形尺寸。

一、外径千分尺

1. 外径千分尺的结构

千分尺的结构大都类似,常用的外径千分尺是用以测量或检验零件的外径、凸肩厚度以及板厚或壁厚等(测量孔壁厚度的千分尺,其量面呈球弧形)。外径千分尺由尺架、测微头、测力装置和制动器等组成。图2-6所示为测量范围为0~25 mm的外径千分尺。尺架1的一端装着固定测砧2,另一端装着测微头(图中未注出)。固定测砧2和测微螺杆3的测量面上都镶有硬质合金,以提高测量面的使用寿命。尺架1的两侧面覆盖着绝热板12。使用外径千分尺时,应手持绝热板,以防止人体的热量影响外径千分尺的测量精度。

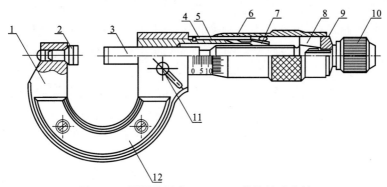

图2-6　测量范围为0~25 mm的外径千分尺
1—尺架;2—固定测砧;3—测微螺杆;4—螺纹轴套;5—固定刻度套筒;6—微分筒;
7—调节螺母;8—接头;9—垫片;10—测力装置;11—锁紧螺钉;12—绝热板

2. 外径千分尺的读数方法

在外径千分尺的固定刻度套筒上刻有轴向中线,作为微分筒读数的基准线。另外,为了计算测微螺杆旋转的整数转,在固定刻度套筒中线的两侧,刻有两排刻线,刻线间距均为1 mm,上、下两排相互错开0.5 mm。

外径千分尺的具体读数方法可分为以下三步:

(1)读出固定刻度套筒上露出的刻线尺寸,一定要注意不能遗漏0.5 mm的刻线值。

(2)读出微分筒上的尺寸,要看清微分筒圆周上哪一格与固定套筒的中线基准对齐,用格数乘0.01 mm即得微分筒上的尺寸。

(3)将上面两个数相加,即为外径千分尺上测得的零件尺寸。

在图2-7(a)所示的外径千分尺的读数中,固定刻度套筒上读出的尺寸为8 mm,微分筒上读出的尺寸为27(格)×0.01 mm=0.27 mm,以上两数相加即得被测零件的尺寸为8.27 mm;在图2-7(b)所示的外径千分尺的读数中,固定刻度套筒上读出的尺寸为8.5 mm,微分筒上读出的尺寸为27(格)×0.01 mm=0.27 mm,以上两数相加即得被测零件的尺寸为8.77 mm。

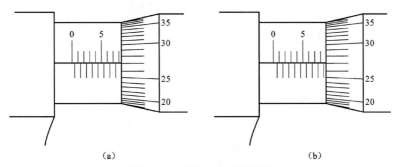

(a)　　　　　　　　　　　　　　　　　　　　(b)

图2-7　外径千分尺的读数

3. 外径千分尺的精度及其调整

外径千分尺在使用过程中,由于磨损,特别是使用不当时,会使外径千分尺的示值误差过大,所以应定期对外径千分尺进行检查,并进行必要的拆洗或调整,以便保持外径千分尺的测量精度。

校正外径千分尺的零位。外径千分尺如果使用不当,零位就会走动,使测量结果不准确,容易造成产品质量事故。所以,在使用外径千分尺的过程中,应当校对外径千分尺的零位,即将外径千分尺的两个测砧面擦拭干净,转动测微螺杆使它们贴合在一起(这是就测量范围为 0～25 mm 的外径千分尺而言,若测量范围大于 0～25 mm 时,应该在两个测砧面间放上校对量杆或相应尺寸的量块),检查微分筒圆周上的"0"刻线,是否对准固定刻度套筒的中线,微分筒的端面是否正好使固定刻度套筒上的"0"刻线露出来。如果两者位置都是正确的,就认为外径千分尺的零位是对的,否则就要进行校正,使之对准零位。

使用外径千分尺测量零件尺寸时,必须注意以下几点:

(1)使用前,应把外径千分尺的两个测砧面擦拭干净,转动测力装置,使两个测砧面接触,接触面上应没有间隙和漏光现象,同时微分筒和固定刻度套筒要对准零位。

(2)转动测力装置时,微分筒应能自由灵活地沿着固定刻度套筒活动,没有任何轧卡和不灵活的现象。如有活动不灵活的现象,应送计量站及时检修。

(3)测量前,应把零件的被测量表面擦拭干净,以免有脏物存在而影响测量精度。绝对不允许用外径千分尺测量带有研磨剂的零件表面,以免损伤测量面的精度。用外径千分尺测量表面粗糙的零件也是不允许的,这样易使测砧面过早磨损。

(4)用外径千分尺测量零件时,应调节测微螺杆,使测砧表面保持标准的测量压力,即听到"嘎嘎"的声音,表示压力合适,并可开始读数。要避免因测量压力不等而产生测量误差。

绝对不允许用力旋转微分筒来增加测量压力,使测微螺杆过分压紧零件表面,致使精密螺纹因受力过大而发生变形,损坏外径千分尺的精度。有时用力旋转微分筒后,虽因微分筒与测微螺杆间的连接不牢固,对精密螺纹的损坏不严重,但是微分筒打滑后,外径千分尺的零位走动了,就会造成质量事故。

(5)使用外径千分尺测量零件时,应使测微螺杆与零件被测量的尺寸方向一致。如在车床上测量零件外径时,测微螺杆要与零件的轴线垂直,不要歪斜,如图 2-8 所示。测量时,可在旋转测力装置的同时,轻轻地晃动尺架,使测砧面与零件表面接触良好。

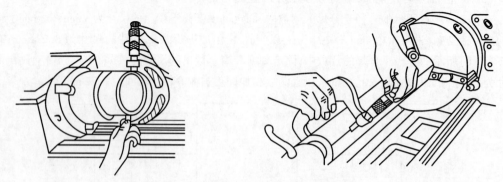

图 2-8　在车床上使用外径千分尺的方法

(6)使用外径千分尺测量零件时,最好在零件上进行读数,旋松锁紧螺钉后取出外径千分尺,这样可减小测砧面的磨损。如果必须取下读数时,则应用制动器锁紧测微螺杆后,再将零件轻轻滑出。把外径千分尺当做卡规使用是错误的,因为这样做不但易使测量面过早磨损,甚至会使测微螺杆或尺架发生变形而失去精度。在读取外径千分尺上的测量数值时,要特别留心不要漏读 0.5 mm。

(7)为了获得正确的测量结果,可在同一位置上再测量一次。尤其是测量圆柱形零件时,应在同一圆周的不同方向测量几次,检查零件外圆有没有圆度误差,再在全长的各个部位测量几次,检查零件外圆有没有圆柱度误差等。

(8)对于超常温的工件,不要进行测量,以免产生读数误差。单手使用外径千分尺时,可用大拇指和食指或中指捏住活动套筒,小指勾住尺架并将其压在手掌上,用大拇指和食指转动测力装置即可测量,如图 2 - 9(a)所示;用双手测量时,可按图 2 - 9(b)所示的方法进行。

图 2 - 10 所示为常见两种使用外径千分尺的错误方法。如用千分尺测量旋转运动中的工件,很容易使外径千分尺磨损,而且测量也不准确,如图 2 - 10(a)所示;如果握着微分筒,来回转动,如图 2 - 10(b)所示,则同碰撞一样,也会破坏外径千分尺的内部结构。

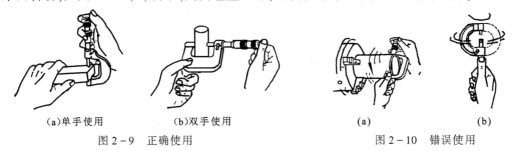

(a)单手使用　　　　(b)双手使用　　　　　　　　(a)　　　　　　　　(b)

图 2 - 9　正确使用　　　　　　　　　　　图 2 - 10　错误使用

二、内径千分尺

内径千分尺结构如图 2 - 11 所示,用于测量小尺寸内径和内侧面槽的宽度。其特点是容易找正内孔直径,测量方便。国产的内径千分尺的读数值为 0.01 mm,测量范围有 5 ~ 30 mm 和 25 ~ 50 mm 两种。内径千分尺的读数方法与外径千分尺相同,只是套筒上的刻线尺寸与外径千分尺相反,另外,其测量方向和读数方向也都与外径千分尺相反。

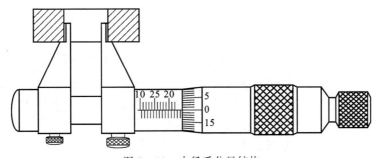

图 2 - 11　内径千分尺结构

思考与练习

1. 简述外径千分尺的测量原理。外径千分尺和内径千分尺的读数有哪些区别?
2. 读取千分尺的读数有哪些注意事项?

任务三　百分表的正确使用

任务描述

百分表是一种指示式量具,主要用于校正工件的安装位置,检验零件的形状和相互位置的精度。

车间常用的指示式量具包括百分表、千分表、杠杆百分表和内径百分表等,主要用于校正零件的安装位置、检验零件的形状精度和相互位置精度,以及测量零件的内径等。下面主要介绍百分表的使用。

一、百分表的结构

百分表和千分表都是用来校正零件或夹具的安装位置检验零件的形状精度或相互位置精度的。它们的结构原理相似,只是千分表的读数精度比较高,即千分表的读数值为 0.001 mm,而百分表的读数值为 0.01 mm。车间里经常使用的是百分表,因此,本节主要是介绍百分表。

百分表的结构如图 2-12 所示。主要由测量杆 8,指针 6 等组成。表盘 3 上刻有 100 个等分格,其刻度值(即读数值)为 0.01 mm。当指针 6 转一圈时,转数指示盘 5 的小指针即转动一小格,其刻度值为 1 mm。用手转动表圈 4 时,表盘 3 也跟着转动,可使指针对准任一刻线。测量杆 8 是沿着套筒 7 上、下移动的。

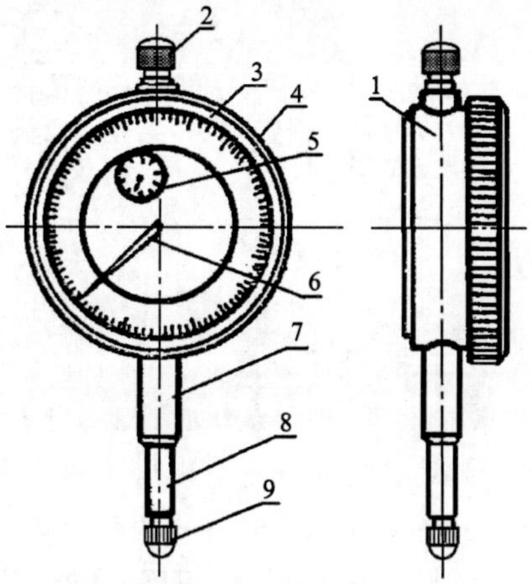

由于百分表和千分表的测量杆是做直线移动的,可用来测量长度尺寸,所以它们也是长度测量工具。目前,国产百分表的测量范围(即测量杆的最大移动量)有 0～3 mm、0～5 mm、0～10 mm 三种。读数值为 0.001 mm 的千分表,测量范围为 0～1 mm。

图 2-12　百分表结构图
1—表壳;2—圆头;3—表盘;4—表圈;
5—转数指示盘;6—指针;7—套筒;
8—测量杆;9—测量头

二、百分表或千分表的使用方法

由于千分表的读数精度比百分表高,所以百分表适用于尺寸精度为 IT8～IT6 级零件的校正和检验;千分表则适用于尺寸精度为 IT7～IT5 级零件的校正和检验。百分表和千分表按其制造精度,可分为 0、1 和 2 级三种,0 级精度较高。使用时,应按照零件的形状和精度要求,选用合适的百分表或千分表的精度等级和测量范围。

使用百分表或千分表时,必须注意以下几点:

(1)使用前,应检查测量杆活动的灵活性,即轻轻推动测量杆时,测量杆在套筒内的移动要灵活,没有任何轧卡现象,且每次放松后,指针能回复到原来的刻度位置。

(2)使用百分表或千分表时,必须把它固定在可靠的夹持架上,例如固定在万能表架或磁性表座上,如图 2-13 所示,夹持架要安放平稳,避免使测量结果不准确或摔坏百分表。

用夹持百分表的套筒来固定百分表时,夹紧力不要过大,以免因套筒变形而使测量杆活动不灵活。

(3)用百分表或千分表测量零件时,测量杆必须垂直于被测量表面,如图 2-14 所示,使测量杆的轴线与被测量尺寸的方向一致,否则将使测量杆活动不灵活或使测量结果不准确。

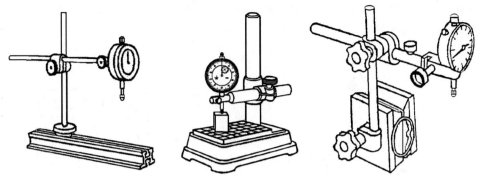

图 2-13 安装在专用夹持架上的百分表

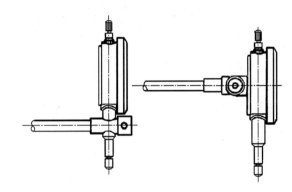

图 2-14 百分表安装方法

(4)测量时,不要使测量杆的行程超过其测量范围,不要使测量头突然撞在零件上,不要使百分表或千分表受到剧烈的震动和撞击,也不要把零件强迫推入测量头下,免得损坏百分表或千分表而使其失去精度。因此,用百分表测量表面粗糙或有显著凹凸不平的零件是错误的。

(5)用百分表校正或测量零件时,应当使测量杆有一定的初始测力,即在测量头与零件表面接触时,测量杆应有 0.3~1 mm 的压缩量(千分表可小一点,有 0.1 mm 即可),使指针转过半圈左右,然后转动表圈,使表盘的"0"刻线与指针对准。轻轻地拉动手提测量杆的圆头,拉起和放松几次,检查指针所指的零位有无改变,如图 2-15 所示。当指针的零位稳定后,再开始测量或校正零件的工作。如果是校正零件,此时开始改变零件的相对位置,读出指针的偏摆值,就是零件安装的偏差数值。

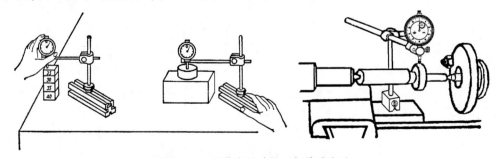

图 2-15 百分表尺寸校正与检验方法

(6)检查工件平整度、平行度或轴类零件圆度、圆柱度及跳动时,将工件放在 V 形铁专用检验架上,使测量头与工件表面接触。调整指针使之摆动 1/3~1/2 转,然后把刻度盘零位与指针对准,再慢慢地移动表座或工件,如图2-16所示。当指针顺时针摆动时,说明工件偏高,逆时针摆动,则说明工件偏低。

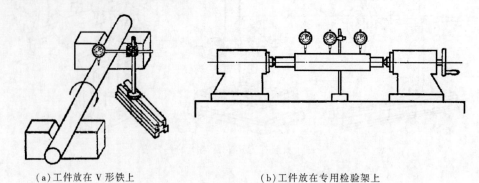

（a）工件放在 V 形铁上 　　　　　　　　　　（b）工件放在专用检验架上
图2-16　轴类零件圆度、圆柱度及跳动

当测量轴的时候,是以指针摆动最大数字为读数(最高点),测量孔的时候,是以指针摆动最小数字(最低点)为读数。

(7)在使用百分表或千分表的过程中,要严格防止水、油和灰尘渗入表内,测量杆上也不要加油,免得粘有灰尘的油污进入表内,影响表的灵活性。

(8)百分表或千分表不使用时,应使测量杆处于自由状态,以免使表内的弹簧失效。

三、内径百分表的结构和使用方法

1. 内径百分表的结构

内径百分表是内量杠杆式测量架和百分表的组合,如图2-17所示。用以测量或检验零件的内孔、深孔直径及其形状精度。

内径百分表测量架的内部结构如图2-18所示。在三通管3的一端装着活动测量头1,另一端装着可换测量头2,垂直管口一端,通过连杆4装有百分表5。活动测量头1的移动,使传动杠杆7回转,通过活动杆6,推动百分表的测量杆,使百分表指针产生回转。由于传动杠杆7的两侧触点是等距的,当活动测量头1移动1 mm时,活动杆6也移动1 mm,推动百分表指针回转一圈。所以,活动测量头的移动量,可以在百分表上读出来。

两触点量具在测量内径时,不容易找正孔的直径方向,定心护桥8和弹簧9就起到了帮助找正直径位置的作用,使内径百分表的两个测量头正好在内孔直径的两端。活动测头的测量压力由活动杆6上的弹簧控制,保证测量压力一致。

内径百分表活动测量头的移动量有两种,小尺寸的只有0~1 mm,大尺寸的可有0~3 mm,它的测量范围是由更换或调整可换测量头的长度来达到的。因此,每个内径百分表都附有成套的可换测量头。国产内径百分表的读数值为 0.01 mm,测量范围包括10~18 mm、18~35 mm、35~50 mm、50~100 mm、100~160 mm、160~250 mm、250~450 mm。

用内径百分表测量内径是一种比较量法,测量前应根据被测孔径的大小,在专用的环规或百分尺上调整好尺寸后才能使用。调整内径百分表的尺寸时,选用可换测头的长度及其伸出的距离(大尺寸内径百分表的可换测头,是螺纹紧固式的,故可调整伸出的距离,小尺寸的不能调整),应使被测尺寸在活动测头总移动量的中间位置。

内径百分表的示值误差比较大,例如测量范围为35~50 mm的内径百分表,其示值误差为±0.015 mm。为此,使用时应当经常在专用环规或百分尺上校对尺寸(习惯上称校对零位),必要时可在由块规附件装夹好的块规组件上校对零位,并增加测量次数,以便提高测量精度。

图 2-17　内径百分表

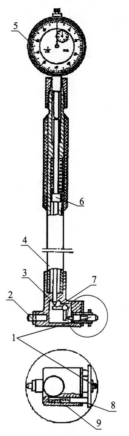

图 2-18　内径百分表测量架的内部结构
1—活动测量头;2—可换测量头;3—三通管;
4—连杆;5—百分表;6—活动杆;
7—传动杠杆;8—定心护桥;9—弹簧

内径百分表的刻度盘上每一格为 0.01 mm,盘上刻有 100 格,即指针每转一圈为 1 mm。

2. 内径百分表的使用方法

内径百分表用来测量圆柱孔,它附有成套的可换测量头,使用前必须先进行组合和校对零位,组合时,将百分表装入连杆内,使短指针指在 0~1 的位置上,长针和连杆轴线重合,刻度盘上的字应垂直向下,以便于测量时观察,装好后应紧固。粗加工时,最好先用游标卡尺或内卡钳测量。内径百分表同其他精密量具一样属贵重仪器,其好坏与精确直接影响到工件的加工精度和其使用寿命。粗加工时工件加工表面粗糙不平而测量不准确,也使测头易磨损。因此,需要加以爱护和保养,精加工时再进行测量。测量前应根据被测孔径大小用外径百分尺调整好尺寸后才能使用,如图 2-19 所示。在调整尺寸时,正确选用可换测头的长度及其伸出距离,应使被测尺寸在活动测头总移动量的中间位置。

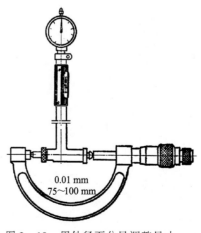

0.01 mm
75~100 mm

图 2-19　用外径百分尺调整尺寸

测量时,连杆中心线应与工件中心线平行,不得歪斜,同时应在圆周上多测几个点,找出孔径的实际尺寸,看是否在公差范围内,如图2-20所示。

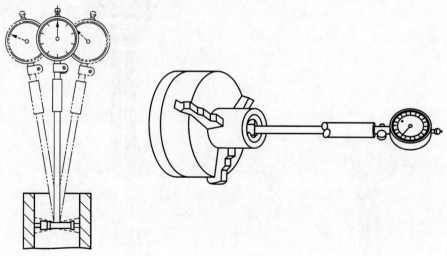

图2-20　内径百分表的使用方法

思考与练习

如何使用百分表进行测量?如何使用百分表测量读数?

任务四　认知数控铣削加工刀具

任务描述

数控铣削刀具由刃具和刀柄两部分组成。其中刃具部分包括钻头、铣刀、铰刀、丝锥等。刀柄部分可满足机床自动换刀的需求;能够在机床主轴上自动松开和拉紧定位,并准确地安装各种刃具和验具。

数控铣床所用的切削刀具由两部分组成,即刃具和刀柄,如图2-21所示。

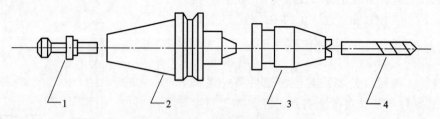

图2-21　刀具的组成
1—拉钉;2—刀柄;3—连接器;4—刃具

在数控铣床上所使用的刀柄,一般采用锥度为7∶24的锥柄,这是因为这种锥柄不自锁,换刀比较方便,并且与直柄相比有高的定心精度和刚性。刀柄和拉钉已经标准化,各部分结构、尺寸如图2-22和表2-1所示。

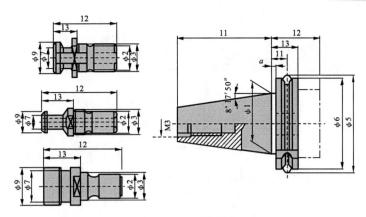

图 2-22　刀柄与拉钉

表 2-1　刀柄尺寸　　　　　　　　　　　　　（单位:mm）

型号	尺寸														
	a	b	d_1	d_2	d_3	d_5	d_6	d_8	f_1	f_2	f_3	l_1	l_5	l_6	l_7
30	3.2	16.1	31.75	H12	13	59.3	50	45	11.1	35	19.1	47.8	15	16.4	19
40	3.2	16.1	44.45	H16	17	72.30	63.55	50	11.1	35	19.1	68.4	18.5	22.8	25
50	3.2	25.7	69.85	H24	25	107.35	97.50	80	11.1	35	19.1	101.75	30	35.5	37.7

在加工中心上加工的部位繁多使刀具种类很多,造成与锥柄相连的装夹刀具的工具多种多样,把通用性较强的装夹工具标准化、系列化就成为工具系统。

削铣工具系统可分为整体式与模块式两类。整体式铣削工具系统针对不同刀具都要求配有一个刀柄,如图 2-23(a)所示。这样工具系统规格、品种繁多,给生产、管理带来不便,并使成本上升。为了克服上述缺点,国内外相继开发出多种多样的模块式铣削工具系统,如图 2-23(b)所示。

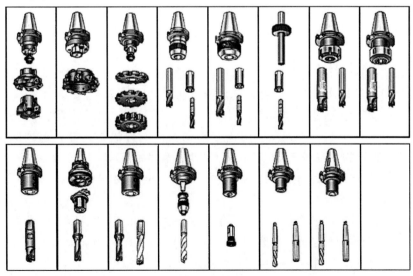

(a)整体式铣削工具系统

图 2-23　铣削工具系统

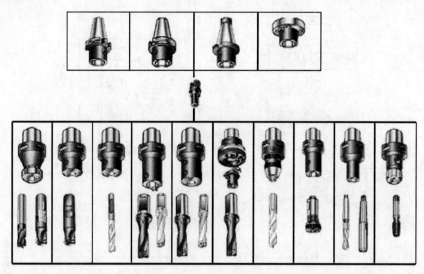

（b）模块式铣削工具系统

图 2-23　铣削工具系统（续）

思考与练习

数控铣削刀具系统的组成有哪些？

任务五　数控铣床和加工中心常用刀具的选用

任务描述

数控机床对所使用的刀具有性能上的要求，只有达到这些要求才能使数控机床真正发挥效率，具有良好的切削性能和较高的精度。在选择刀具时，要注意对工件的结构及工艺性进行认真分析，结合工件材料、毛坯余量及刀具加工部位进行综合考虑。

一、刀具的选择

选择刀具应根据机床的加工能力、工件材料的性能、加工工序、切削用量以及其他相关因素正确选用刀具及刀柄。刀具选择总的原则是适用、安全、经济。

"适用"是要求所选择的刀具能达到加工的目的，完成材料的去除，并达到预定的加工精度。例如粗加工时选择有足够大并有足够的切削能力的刀具能快速去除材料；在精加工时，为了能把结构形状全部加工出来，要使用较小的刀具，加工到每一个角落。再如，切削低硬度材料时，可以使用高速钢刀具；切削高硬度材料时，就必须要用硬质合金刀具。

"安全"是要求在有效去除材料的同时，不会产生刀具的碰撞、折断等现象。要保证刀具及刀柄不会与工件相碰撞或者挤擦，造成刀具或工件的损坏。例如使用加长的并且直径很小的刀具切削硬质的材料时，很容易折断，选用时一定要慎重。

"经济"是要求能以最小的成本完成加工。在同样可以完成加工的情形下，选择综合成本相对较低的方案，而不是选择价格最便宜的刀具。然而刀具的耐用度和精度与刀具价格关系极大，必须引起注意的是，在大多数情况下，选择好的刀具虽然增加了刀具成本，但由此带来的加工质量和加工效率的提高则可以使总体成本降低,产生更好的效益。例如对钢材进行切削时,选用高速钢刀具,其进给速度只能达到 100 mm/min,而采用同样大小的硬质合金刀具,进给速度可以达到 500 mm/min 以上,大幅缩短加工时间。通常情况下,优先选择经济性良好的可转位刀具。

选择刀具时还要考虑安装调整的方便程度、刚性、耐用度和精度。在满足加工要求的前提下,刀具的悬伸长度尽可能短,以提高刀具系统的刚性。

二、刀具的分类

数控加工刀具从结构上可分为整体式、镶嵌式(镶嵌式又可分为焊接式和机夹式)。机夹式根据刀体结构不同,又分为可转位和不转位两种;减震式,当刀具的工作臂长与直径之比较大时,为了减少刀具的震动,提高加工精度,多采用此类刀具;内冷式,冷却液通过刀体内部由喷孔喷射到刀具的切削刃部;特殊形式,例如复合刀具、可逆攻螺纹刀具等。

数控加工刀具从制造所采用的材料上可分为高速钢刀具;硬质合金刀具;陶瓷刀具;立方氮化硼刀具;金刚石刀具;涂层刀具。

数控铣床和加工中心上用到的刀具有钻削刀具,分为小孔、短孔、深孔、攻螺纹、铰孔等刀具;镗削刀具,分为粗镗、精镗等刀具;铣削刀具,分为面铣、立铣、三面刃铣等刀具。

1. 钻削刀具

在数控铣床和加工中心上钻孔都采用无钻模直接钻孔的方式,一般钻孔深度约为直径的5 倍,加工细长孔时刀具容易折断,因此要注意冷却和排屑。图 2-24 所示为整体式硬质合金钻头,如果钻削深孔,冷却液可以从钻头中心引入。为了提高刀片的寿命,刀片上涂有一层碳化钛,其寿命为一般刀片的 2~3 倍,使用这种钻头钻箱体孔时,其功效要比普通麻花钻提高4~6 倍。在钻孔前最好先用中心钻钻一个中心孔,或用一个刚性较好的短钻头划一个窝,解决在铸件毛坯表面的对正等问题。划窝一般采用 $\phi8 \sim \phi15$ mm 的钻头,如图 2-25 所示。当工件毛坯表面非常硬,钻头无法划窝时可先用硬质合金立铣刀,在欲钻孔部位先铣一个小平面,然后再用中心钻钻一个引孔,解决硬表面钻孔的引正问题。

图 2-24 整体式硬质合金钻头

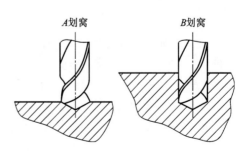

*A*划窝   *B*划窝

图 2-25 划窝钻孔加工

2. 铣削刀具

铣削刀具种类很多,在数控机床和加工中心上常用的铣刀有以下五种:

(1)面铣刀。面铣刀主要用于立式铣床上的平面和台阶面的加工。面铣刀的圆周表面

和端面上都有切削刃,多制成套式镶齿结构,如图 2 - 26
所示。刀齿材料多为高速钢或硬质合金,刀体为
40Cr 钢。

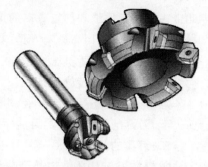

硬质合金面铣刀与高速钢铣刀相比,其铣削速度较
高,加工效率高,加工的工件表面质量也较好,并可加工
带有硬皮和淬硬层的工件,故得到广泛应用。目前广泛
应用的可转位式硬质合金面铣刀的结构如图 2 - 26 所
示。它将可转位刀片通过夹紧元件夹固在刀体上,当刀
片的一个切削刃用钝后,可直接在机床上将刀片转位或

图 2 - 26 可转位式硬质合金面铣刀

更换新刀片。可转位式铣刀要求刀片定位精度高,夹紧可靠,排屑容易,更换刀片迅速等。
同时各定位、夹紧元件通用性要好,制造要方便,并且经久耐用。

面铣刀铣削平面一般采用二次走刀。粗铣时沿工件表面连续走刀,应正确选择每一次
走刀宽度和铣刀直径,使接刀刀痕不影响精切走刀精度。当加工余量大且不均匀时,铣刀
直径要选小些。精加工时铣刀直径要大些,最好能包含加工面的整个宽度。

(2)立铣刀。立铣刀是数控机床上使用最多的一种铣刀,主要用于在立式铣床上加工
凹槽、台阶面等。立铣刀的圆柱表面和端面上都有切削刃,它们可同时进行切削,也可单独
进行切削。立铣刀端面刃主要用来加工与侧面相垂直的底平面。直柄立铣刀分别为两刃、
三刃和四刃的铣刀,如图 2 - 27 所示。立铣刀和镶硬质合金刀片的立铣刀主要用于加工凸
轮、凹槽和箱口面等。

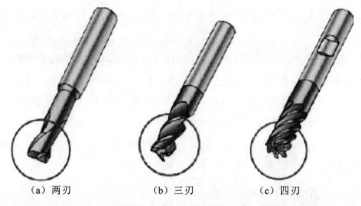

(a) 两刃   (b) 三刃   (c) 四刃

图 2 - 27 直柄立铣刀

为了提高槽的加工精度,减少铣刀的种类,加工时可采用直径比槽宽小的铣刀,先铣槽
的中间部分,然后用刀具半径补偿功能来铣槽的两边,以提高槽的加工精度。

(3)模具铣刀。模具铣刀是由立铣刀发展而成,主要用于在立式铣床上加工模具型腔、
三维成形表面等。可分为圆锥形立铣刀、圆柱形球头立铣刀和圆锥形球头立铣刀三种,如
图 2 - 28 所示。其柄部有直柄、削平形直柄和莫氏锥柄。它的结构特点是球头或端面上布
满了切削刃,圆周刃与球头刃圆弧连接,可以做径向和轴向进给运动。铣刀工作部分用高
速钢或硬质合金制造。图 2 - 28 所示为用硬质合金制造的模具铣刀。小规格的硬质合金模
具铣刀多制成整体结构,直径 φ16 mm 以上的,制成焊接或机夹可转位刀片结构。

曲面加工常采用球头铣刀,但加工曲面较平坦部位时,刀具以球头顶端刃切削,切削条
件较差,因而应采用圆弧端铣刀。

(a)圆锥形立铣刀　　　　(b)圆柱形球头立铣刀　　　　(c)圆锥形球头立铣刀

图 2-28　模具铣刀

（4）键槽铣刀。键槽铣刀主要用于在立式铣床上加工圆头封闭键槽等。键槽铣刀有两个刀齿，圆柱面和端面都有切削刃，如图 2-29 所示。键槽铣刀可以不经预钻工艺孔而轴向进给达到槽深，然后沿键槽方向铣出键槽全长。

（5）镗孔刀具。在加工中心上进行镗削加工通常是采用悬臂式加工，要求镗刀有足够的刚性和较好的精度。在镗孔过程中一般都是采用

图 2-29　键槽铣刀

移动工作台或立柱完成 Z 向进给（卧式），保证悬伸不变，从而获得进给的刚性。对于精度要求不高的几个同尺寸的孔，在加工时，可以用一把刀完成所有孔的加工后，再更换一把刀加工各孔的第二道工序，直至换最后一把刀加工最后一道工序为止。精加工孔则必须单独完成，每道工序换一次刀，尽量减少各个坐标的运动以减小定位误差对加工精度的影响。

加工中心常用的精镗孔刀具为图 2-30 所示的精镗微调镗刀系统。

大直径的镗孔加工可选用图 2-31 所示的可调双刃镗刀系统，镗刀两端的双刃同时参与切削，每转进给量高且效率高，同时可消除切削力对镗杆的影响。

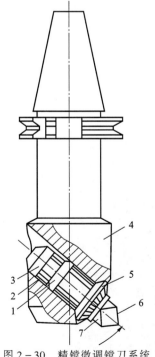

图 2-30　精镗微调镗刀系统

1—导向键；2—锁紧螺钉；3—螺母；4—刀杆；
5—微调螺母；6—刀片；7—刀体

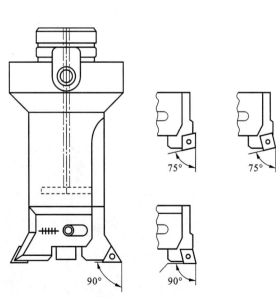

图 2-31　可调双刃镗刀系统

思考与练习

1. 如何选择数控刀具？
2. 立铣刀与键槽铣刀的加工特点有哪些？

任务六　掌握数控铣加工常用的对刀方法

对刀过程就是设法找到工件零点在机床坐标系中所处的坐标系，是数控加工中较为复杂的工艺准备工作之一，也是数控加工中极其重要的一项基础工作。对刀的精准与否将直接影响到零件的加工精度。

在加工程序执行前，调整每把刀的刀位点，使其尽量与某一理想基准点重合，这一过程称为对刀。对刀的目的是通过刀具或对刀工具确定工件坐标系与机床坐标系之间的空间位置关系，并将对刀数据输入到相应的存储位置。它是数控加工中最重要的工作内容，其准确性将直接影响零件的加工精度。对刀可分为 X、Y 向对刀和 Z 向对刀。

1. 对刀方法

根据现有条件和加工精度要求选择对刀方法，可采用试切法、寻边器对刀、机内对刀仪对刀、自动对刀等。其中试切法对刀精度较低，加工中常用寻边器和 Z 轴设定器对刀，其效率高并且能保证对刀精度。

2. 对刀工具

请参照前面所讲，这里不再赘述。

3. 对刀步骤

已加工过的零件毛坯，采用光电寻边器和 Z 轴设定器对刀，其详细步骤如下：

（1）X、Y 向对刀。

① 将工件通过夹具装在机床工作台上，装夹时，工件的四个侧面都应留出寻边器的测量位置。

② 快速移动工作台和主轴，使寻边器测头靠近工件的左侧，如图 2 - 32 所示。

图 2 - 32　寻边器靠近工件左侧

③ 改用手轮操作,使测头慢慢接触到工件左侧(见图2-33),直到光电寻边器的下部测头与工件相接触,光电寻边器灯亮,将机床坐标设置为相对坐标值显示,在操作面板上的按【X】键,然后按 <u>　归零　</u> 键,此时当前位置 X 轴的坐标值为0,如图2-34所示。

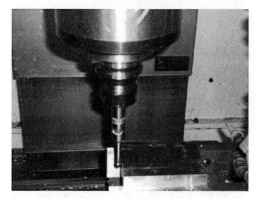

图2-33　光电寻边器测头慢慢接触工件左侧

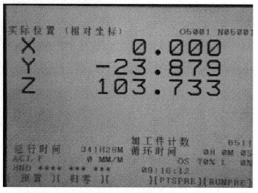

图2-34　X轴清零

④ 抬起光电寻边器至工件上表面之上,快速移动工作台和主轴,此时 Y 轴不动。使测头靠近工件右侧,如图2-35所示。

图2-35　光电寻边器靠近工件右侧

⑤ 改用手轮操作,使测头慢慢接触到工件右侧(见图2-36),直到光电寻边器的下部测头与工件相接触,光电寻边器灯亮,记下此时相对坐标系中的 X 坐标值,如图2-37所示。

⑥ 单击 $\boxed{\substack{\text{OFFSET}\\\text{SETTING}}}$ 图标,进入工件坐标系对刀界面,将光标移到相应的偏置方式下;并输入 X 的数值(相对坐标系中数值的一半)。按 <u>　测量　</u> 键,进行 X 方向对刀,如图2-38所示。

图 2-36 光电寻边器测头慢慢接触工件右侧

图 2-37 相对坐标系中 X 坐标值

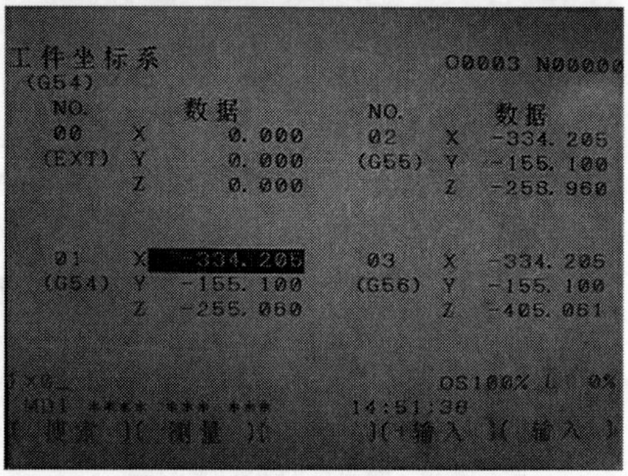

图 2-38 X 方向对刀界面

⑦ 同理可进行 Y 向对刀。

（2）Z 向对刀。

① 卸下光电寻边器，将加工所用刀具装上主轴。

② 准备一个 Z 轴设定器（用以辅助对刀操作）。

③ 快速移动主轴，使刀具端面靠近 Z 轴设定器。

④ 改用手轮微调操作，使刀具慢慢靠近 Z 轴设定器，一边用手轮微调 Z 轴，直到 Z 轴设定器上的指针指向"0"。此时刀具的高度为 Z 轴设定器的高度，如图 2-39 所示。

⑤ 在相对坐标状态下将光标移至相应的位置下，输入 Z 的数值（Z 轴设定器的高度值），Z 向对刀界面如图 2-40 所示，并按测量值对刀。

4. 注意事项

在对刀过程中需要注意以下问题：

（1）根据加工要求采用正确的对刀工具，并且控制对刀误差。

（2）在对刀过程中，可通过改变微调进给量来提高对刀精度。

（3）对刀时要小心谨慎，尤其要注意移动方向，避免发生碰撞危险。

（4）对 Z 轴时，微量调节的时候一定要使 Z 轴向上移动，避免向下移动时使刃具、辅助刀柄和工件相碰撞，造成刀具损坏，甚至发生危险。

（5）对刀数据一定要存入与程序对应的存储地址，防止因调用错误而产生严重后果。

图 2-39　Z向对刀

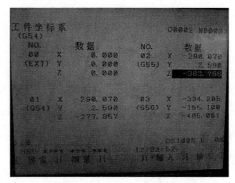

图 2-40　Z向对刀界面

5. 刀具补偿值的输入和修改

根据刀具的实际尺寸和位置,将刀具半径补偿值和刀具长度补偿值输入到与程序对应的存储位置。需要注意的是,补偿的数据、符号及数据所在地址的正确与否都将直接影响后续加工,其中的错误将直接导致发生撞刀危险或使工件报废。

思考与练习

1. 简述对刀过程。
2. 对刀的注意事项有哪些?

● **完成任务**(任务学习完成后填写项目评价表)

任务评价表

课程_____	日期_____		组别_____		组员_____
项目内容					
掌握情况	数控刀具系统的选择	数控刀具的选择	立铣刀和键槽铣刀加工特点	简述对刀过程	对刀注意事项
分析原因及对策					
填表人		检测人		审核人	

项目三　数控铣削准备

● 项目引言

在数控铣床上加工零件首先遇到的问题就是工艺问题。在机床加工之前,要将机床的运动过程,零件的工艺过程,刀具的形状、切削用量和走刀路线等编入程序,这就要求编程人员具有多方面的知识。

● 能力目标

(1)了解铣削加工工艺过程。

(2)掌握铣削加工基本工艺参数的运算方法。

(3)了解铣床的夹具与夹具定位方法。

任务一　数控铣削加工工艺方法及加工路线的确定

在使用数控铣床加工零件之前,首先选择铣削加工工艺的方法、分析加工零件的结构工艺、加工方法的选择,然后确定加工路线。

一、数控铣削加工工艺方法的选择

1. 可采用数控铣削加工的内容

工件上的曲线轮廓内、外形,特别是由数学表达式给出的非圆曲线与列表曲线等曲线轮廓;已给出数学模型的空间曲线;形状复杂、尺寸繁多、划线与检测困难的部位;用通用铣床加工时难以观察、测量和控制进给的内、外凹槽;以尺寸协调的高精度孔或面;能在一次安装中铣出来的简单表面或形状等,采用数控铣削能成倍提高生产率,大大减轻体力劳动的一般加工内容。

2. 不宜采用数控铣削加工的内容

需要进行长时间占机和进行人工调整的粗加工内容。例如,以毛坯粗基准定位划线找正的加工;必须按专用工装协调的加工内容(如标准样件、协调平板、模胎等);毛坯上的加工余量不太充分或不太稳定的部位;简单的粗加工面;必须用细长铣刀加工的部位,一般指狭长深槽或高肋板小转接圆弧部位。

二、数控铣床加工零件的结构工艺性分析

(1)零件图样尺寸的正确标注。正确标注构成零件轮廓的几何元素(点、线、面)的相互关系(如相切、相交、垂直和平行等)。

(2)保证获得要求的加工精度。检查零件的加工要求,例如尺寸加工精度、几何公差及表面粗糙度在现有的加工条件下是否可以得到保证、是否还有更经济的加工方法或方案。

(3)零件内腔外形的尺寸统一。

(4)尽量统一零件轮廓内圆弧的有关尺寸。

(5)保证基准统一。最好采用统一基准定位,因此零件上应有合适的孔作为定位基准孔,也可以专门设置工艺孔作为定位基准。若无法制出工艺孔,至少应用精加工表面作为统一基准,以减小二次装夹产生的误差。

(6)分析零件的变形情况。零件在数控铣削加工过程中变形较大时,应当考虑采取一些必要的工艺措施进行预防。

三、数控铣削加工方法的选择

1. 平面轮廓的加工方法

平面轮廓类零件的表面多由直线、圆弧或各种曲线构成,通常采用 3 坐标数控铣床进行 2.5 坐标加工,如图 3 - 1 所示。

2. 固定斜角平面的加工方法

固定斜角平面是与水平面成一固定夹角的斜面,常用以下两种加工方法:

(1)当零件尺寸不大时,可用斜垫板垫平后进行加工;如果机床主轴可以摆动,则可以摆成适当的定角,用不同的刀具进行加工,如图 3 - 2 所示。当零件尺寸很大,斜面斜度又较小时,常用行切法加工,但加工后,会在加工面上留下残留面积,需要用钳修方法加以清除,用 3 坐标数控立铣加工飞机整体壁板零件时常用此法。当然,加工斜面的最佳方法是采用 5 坐标数控铣床,主轴设置摆角后加工,可以清除残留面积。

(2)对于正圆台和斜肋表面,一般可用专用的角度成形铣刀加工,其效果比采用 5 坐标数控铣床摆角加工好。

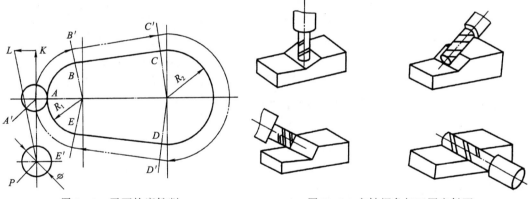

图 3 - 1　平面轮廓铣削　　　　　图 3 - 2　主轴摆角加工固定斜面

3. 变斜角平面的加工方法

(1)对曲率变化较小的变斜角平面,用 4 坐标联动的数控铣床,采用立铣刀(但当零件斜角过大,超过机床主轴摆角范围时,可用角度成形铣刀加以弥补)以插补方式摆角加工,如图 3 - 3(a)所示。

(2)对曲率变化较大的变斜角平面,用 4 坐标联动数控铣床加工难以满足加工要求,最好用 5 坐标联动数控铣床,以圆弧插补方式进行摆角加工,如图 3 - 3(b)所示。

(3)采用 3 坐标数控铣床两坐标联动,利用球头铣刀和鼓形铣刀,以直线或圆弧插补方式进行分层铣削加工,加工后的残留面积用钳修方法清除,用鼓形铣刀分层铣削变斜角如图 3 - 4 所示。

4. 曲面轮廓的加工方法

(1)对曲率变化不大和精度要求不高的曲面进行粗加工,常用 2.5 坐标的行切法进行加工,即 X、Y、Z 三轴中任意两轴做联动插补,第三轴做单独的周期进给,如图 3 - 5 所示。

2.5 坐标加工曲面的刀心轨迹 O_1O_2 和切削点轨迹 ab，如图 3-6 所示。

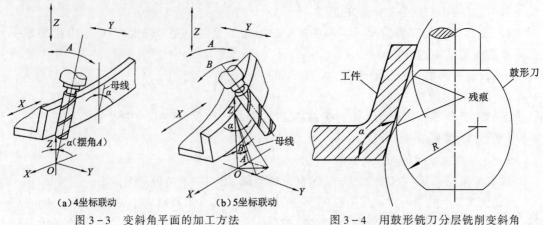

图 3-3　变斜角平面的加工方法　　图 3-4　用鼓形铣刀分层铣削变斜角

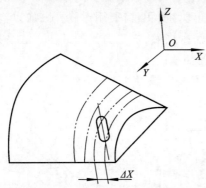

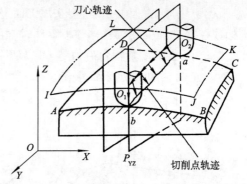

图 3-5　2.5 坐标行切法加工曲面　图 3-6　2.5 坐标行切法加工曲面的切削点轨迹

（2）对曲率变化较大和精度要求较高的曲面的精加工，常用 X、Y、Z 3 坐标联动插补的行切法加工，如图 3-7 所示。

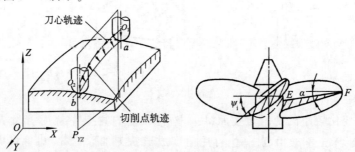

图 3-7　3 轴联动行切法

（3）对于叶轮、螺旋桨这样的零件，因其叶片形状复杂，刀具容易与相邻表面产生干涉，常用 5 坐标联动数控铣床进行加工。其加工原理如图 3-8 所示。

四、加工路线的确定

1. 顺铣和逆铣的选择

铣削有顺铣和逆铣两种方式，如图 3-9

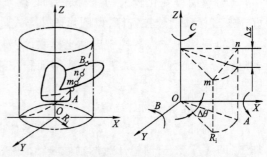

图 3-8　曲面的 5 坐标联动加工

所示。当工件表面无硬皮,机床进给机构无间隙时,应选用顺铣,按照顺铣安排进给路线。因为采用顺铣加工后,零件已加工表面质量好,刀齿磨损小。精铣时,尤其是零件材料为铝镁合金、钛合金或耐热合金时,应尽量采用顺铣,当工件表面有硬皮,机床的进给机构有间隙时,应选用逆铣,按照逆铣安排进给路线。因为逆铣时,刀齿是从已加工表面切入,不会崩刀,机床进给机构的间隙不会引起震动和爬行。

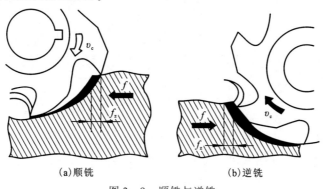

（a）顺铣　　　　　　　（b）逆铣

图 3-9　顺铣与逆铣

2. 铣削外轮廓的进给路线

（1）铣削平面零件外轮廓时,一般采用立铣刀侧刃切削。刀具切入工件时,应避免沿零件外轮廓的法向切入,而应沿切削起始点的延长线逐渐切入工件,保证零件曲线的平滑过渡。同理,在切离工件时,也应避免在切削终点处直接抬刀,要沿着切削终点延伸线逐渐切离工件,如图 3-10 所示。

（2）当用圆弧插补方式铣削外整圆时,要安排刀具从切向进入圆周铣削加工,当整圆加工完毕后,不要在切点处直接退刀,而应让刀具沿切线方向多运动一段距离,以免在取消刀补时,刀具与工件表面相碰,造成工件报废,如图 3-11 所示。

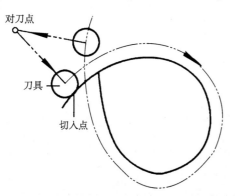

图 3-10　外轮廓加工刀具的切入和切出

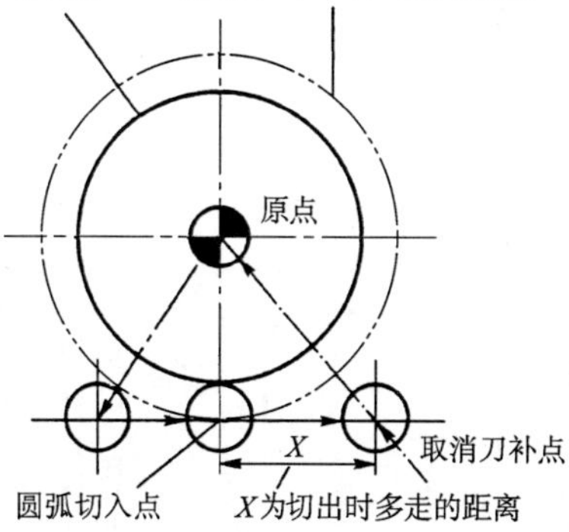

图 3-11　外圆铣削

3. 铣削内轮廓的进给路线

（1）铣削封闭的内轮廓表面时,若内轮廓曲线不允许外延,刀具只能沿内轮廓曲线的法向切入、切出,此时刀具的切入、切出点应尽量选在内轮廓曲线两几何元素的交点处,如图 3-12 所示。当内部几何元素相切无交点时,为防止取消刀补时在轮廓拐角处留下凹口,如图 3-13（a）所示,刀具切入、切出点应远离拐

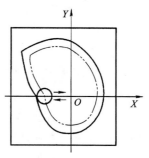

图 3-12　内轮廓加工刀具的切入和切出

角,如图3-13(b)所示。

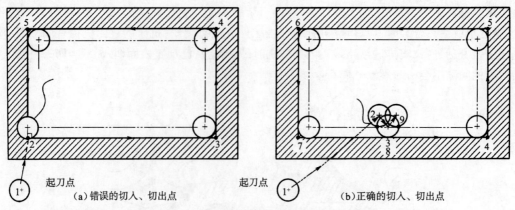

（a）错误的切入、切出点　　　　　　　　（b）正确的切入、切出点

图3-13　无交点内轮廓加工刀具的切入和切出

（2）当用圆弧插补铣削内圆弧时,也要遵循从切向切入、切出的原则,最好安排从圆弧过渡到圆弧的加工路线,以提高内孔表面的加工精度和质量,如图3-14所示。

4. 铣削内槽的进给路线

内槽是指以封闭曲线为边界的平底凹槽,均用平底立铣刀进行加工,刀具圆角半径应符合内槽的图样要求。图3-15所示为加工内槽的三种进给路线。图3-15(a)和图3-15(b)分别为用行切法和环切法加工内槽。两种进给路线的共同点是都能切净内腔中的全部面积,不留死角,不伤轮廓,同时尽量减少重复进给的搭接量;不同点是

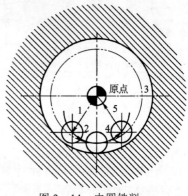

图3-14　内圆铣削

行切法的进给路线比环切法短,但行切法将在每两次进给的起点与终点间留下残留面积,从而达不到所要求的表面粗糙度。用环切法获得的表面粗糙度要好于行切法,但环切法需要逐次向外扩展轮廓线,刀位点计算稍微复杂一些。采用图3-15(c)所示的进给路线,即先用行切法切去中间部分余量,最后用环切法环切光整轮廓表面,既能使总的进给路线较短,又能获得较好的表面粗糙度。

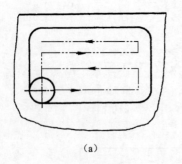
　　（a）
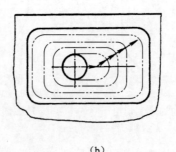
　　（b）
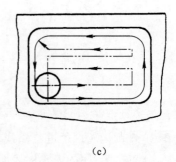
　　（c）

图3-15　凹槽加工进给路线

5. 铣削曲面轮廓的进给路线

铣削曲面时,常用球头刀采用行切法进行加工。所谓行切法是指刀具与零件轮廓的切点轨迹是一行一行的,而行间的距离是按零件加工精度的要求确定的。

对于边界敞开的曲面加工,可采用两种加工路线,例如图3-16所示的发动机大叶片,当

采用图 3-16(a)所示的加工方案时,每次沿直线加工,刀位点计算简单,程序少,加工过程符合直纹面的形成,可以准确保证母线的直线度;当采用图 3-16(b)所示的加工方案时,根据符合这类零件数据的给出情况,进行加工后检验,叶形的准确度较高,但程序较多。由于曲面零件的边界是敞开的,没有其他表面限制,所以曲面边界可以延伸,球头刀应由边界外开始加工。

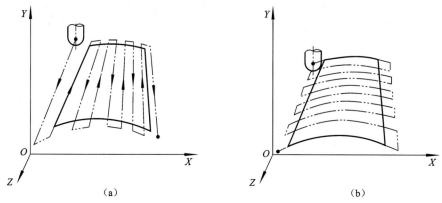

（a）　　　　　　　　　　　　（b）

图 3-16　发动机大叶片曲面加工的进给路线

铣削曲面轮廓时,需要注意以下三点:

（1）轮廓加工中应避免进给停顿,否则会在轮廓表面留下刀痕;若在被加工表面范围内垂直下刀和抬刀,也会划伤轮廓表面。

（2）为提高工件表面的精度和减小表面粗糙度,可以采用多次走刀的方法,精加工余量一般以 0.2~0.5 mm 为宜。

（3）选择工件在加工后变形小的走刀路线。对横截面积小的细长零件或薄板零件,应采用多次走刀加工达到最后尺寸,或采用对称去余量法安排走刀路线。

思考与练习

1. 简述平面轮廓和曲面的加工方法。
2. 简述顺铣和逆铣的特点。
3. 简述铣削内轮廓的进给路线。

任务二　加工工艺参数的确定

　　进行数控编程时,编程人员必须确定每道工序的切削用量,切削用量包括切削速度、背吃刀量及进给速度等。只有合理的切削用量才能保证合理的刀具耐用度,并充分发挥机床的性能,最大限度地提高生产效率。

　　合理选择切削用量对于发挥数控机床的最佳效用具有至关重要的作用。切削用量包括切削速度、进给速度、背吃刀量和侧吃刀量。背吃刀量和侧吃刀量在数控加工中又称切削深度和切削宽度。

　　选择切削用量的原则:粗加工时,一般以提高生产率为主,但也应考虑经济性和加工成本;半精加工和精加工时,应在保证加工质量的前提下,兼顾切削效率、经济性和加工成本,具体数值应根据机床说明书、切削用量手册并结合经验而定。从刀具耐用度方面考虑,切削用量的选择方法是先选取背吃刀量或侧吃刀量,其次确定进给量,最后确定切削速度。

1. 背吃刀量 a_p 和侧吃刀量 a_c

在机床、工件和刀具刚度允许的情况下,增加背吃刀量,可以提高生产率。为了保证零件的加工精度和表面粗糙度,一般应留一定的余量进行精加工。在编程中侧吃刀量称为步距,一般侧吃刀量与刀具直径成正比,与背吃刀量成反比。在粗加工中,步距取得越大越有利于提高加工效率。在使用平底刀进行切削时,背吃刀量的一般取值范围为$(0.6 \sim 0.9)D$。而使用圆角刀进行加工,刀具直径应扣除刀尖的圆角部分,即 $d = D - 2r$(D 为刀具直径,r 为刀尖圆角半径),而背吃刀量可以取$(0.8 \sim 0.9)d$。而在使用球头刀进行精加工时,步距的确定应首先考虑所能达到的精度和表面粗糙度。

背吃刀量的选择有以下三种方式:

(1)在工件表面粗糙度 Ra 值要求为 $12.5 \sim 25$ μm 时,采用图 3-17 所示的圆周铣削时加工余量小于 5 mm;采用图 3-18 所示的端铣削时加工余量小于 6 mm,粗铣一次进给就可以达到要求。但在余量较大、工艺系统刚性较差或机床动力不足时,可分多次进给完成。

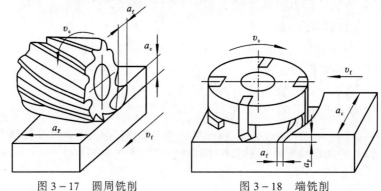

图 3-17 圆周铣削　　　　　图 3-18 端铣削

(2)在工件表面粗糙度 Ra 的值要求为 $3.2 \sim 12.5$ μm 时,可分粗铣和半精铣两步进行。粗铣时背吃刀量或侧吃刀量选取同前。粗铣后留 $0.5 \sim 1.0$ mm 余量,在半精铣时切除。

(3)在工件表面粗糙度 Ra 的值要求为 $0.8 \sim 3.2$ μm 时,可分粗铣、半精铣、精铣三步进行。半精铣时背吃刀量或侧吃刀量取 $1.5 \sim 2$ mm;精铣时圆周铣侧吃刀量取 $0.3 \sim 0.5$ mm,面铣刀背吃刀量取 $0.5 \sim 1$ mm。

2. 进给量

进给量有进给速度 v_f、每转进给量 f 和每齿进给量 f_z 三种表示方法。进给速度 v_f 是指单位时间内工件与铣刀沿进给方向的相对位移,单位为 mm/min,在数控程序中的代码为 F。每转进给量 f 是指铣刀每转一转,工件与铣刀的相对位移,单位为 mm/r。每齿进给量 f_z 是指铣刀每转过一齿时,工件与铣刀的相对位移,单位为 mm/z。

三种进给量的关系:

$$v_f = f \times n = f_z \times z \times n$$

式中　　n——铣刀转速;

　　　　z——铣刀齿数。

每齿进给量 f_z 的选取主要取决于工件材料的力学性能、刀具材料、工件表面粗糙度等因素。工件材料的强度和硬度越高,f_z 越小;反之则越大。硬质合金铣刀的每齿进给量高于同类高速钢铣刀。工件表面粗糙度要求越高,f_z 就越小。每齿进给量的确定可参考表 3-1 所示参数进行选取。

攻螺纹时,进给速度的选择取决于螺孔的螺距 P,单位为 mm,由于使用了有浮动功能的攻螺纹夹头。一般攻螺纹时,进给速度小于计算数值,即 $v_f \leqslant P \times n$。

表 3-1　铣刀每齿进给量 f_z　　　　　　　　　　（单位:mm/z）

铣刀 工件材料	平铣刀	面铣刀	圆柱铣刀	端铣刀	成形铣刀	高速钢镶刃刀	硬质合金镶刃刀
铸铁	0.2	0.2	0.07	0.05	0.04	0.3	0.1
可锻铸铁	0.2	0.15	0.07	0.05	0.04	0.3	0.09
低碳钢	0.2	0.12	0.07	0.05	0.04	0.3	0.09
中高碳钢	0.15	0.15	0.06	0.04	0.03	0.2	0.08
铸钢	0.15	0.1	0.07	0.05	0.04	0.2	0.08
镍铬钢	0.1	0.1	0.05	0.02	0.02	0.15	0.06
高镍铬钢	0.1	0.1	0.04	0.02	0.02	0.1	0.05
黄铜	0.2	0.2	0.07	0.05	0.04	0.03	0.21
青铜	0.15	0.15	0.07	0.05	0.04	0.03	0.1
铝	0.1	0.1	0.07	0.05	0.04	0.18	0.1
A1-Si 合金	0.1	0.1	0.07	0.05	0.04	0.18	0.1
Mg-A1-Zn	0.1	0.1	0.07	0.04	0.03	0.15	0.08
A1-Cu-Mg	0.15	0.1	0.07	0.05	0.04	0.02	0.01
A1-Cu-Si							—

3. 切削速度 v_c

影响切削速度的因素很多,其中最主要的是刀具材质,刀具材料与允许的最高切削速度如表 3-2 所示。

表 3-2　刀具材料与许用最高切削速度

序号	刀具材料	类　别	主要化学成分	最高切削速度/(mm/min)
1	碳素工具钢	—	Fe + C	—
2	高速钢	钨系 铝系	18W + 4Cr + 1V + (Co) 7W + 5Mo + 4Cr + 1V	50
3	超硬工具	P 种(钢用) M 种(铸钢用) K 种(铸铁用)	WC + Co + TiC + (TaC) WC + Co + TiC + (TaC) WC + Co	150
4	涂镀刀具(COATING)	—	超硬母材料 Ti TiNi103 A203	250
5	陶金(CERMET)	TicN + NbC 系 NbC 系 TiN 系	TiCN + NbC + Co NbC + TiC + Co TiN + TiC + Co	300
6	陶瓷(CERAMIC)	酸化物系 氧化硅系统 混合系	Al_2O_3 $3Al_2O_3$ + ZrO_2 Si_3N_4 Al_2O_3 + Tic	1 000
7	CBN 工具	氧化硼	高温高压下烧结(BN)	1 000
8	金刚石工具	非金属	钻石(多结晶)	1 000

表 3-3~表 3-7 所示为数控机床和加工中心常用的切削用量表,供参考。

表 3-3　铣刀切削速度

（单位：mm/min）

工件材料	铣刀材料					
	碳素钢	高速钢	超高速钢	合金钢	碳化钛	碳化钨
铝合金	75~150	180~300	—	240~460	—	300~600
镁合金	—	180~270	—	—	—	150~600
铜合金	—	45~100	—	—	—	120~190
黄铜（软）	12~25	20~25	—	45~75	—	100~180
青铜	10~20	20~40	—	30~50	—	60~130
青铜（硬）	—	10~15	15~20	—	—	40~60
铸铁（软）	10~20	15~20	18~25	28~40	—	75~100
铸铁（硬）	—	10~15	10~20	18~28	—	45~60
（冷）铸铁	—	—	10~15	12~18	—	30~60
可锻铸铁	10~15	20~30	25~40	35~15	—	75~110
钢（低碳）	10~14	18~28	20~30	—	45~70	—
钢（中碳）	10~15	15~25	18~28	—	40~60	—
钢（高碳）	—	180~300	12~20	—	30~45	—
合金钢	—	—	—	—	35~80	—
合金钢（硬）	—	—	—	—	30~60	—
高速钢	—	—	—	—	45~70	—

表 3-4　镗孔切削用量

工序	工件材料 刀具材料	铸　铁		铜		铝及合金	
		切削速度 /（mm/min）	进给量 /（mm/r）	切削速度 /（mm/min）	进给量 /（mm/r）	切削速度 /（mm/min）	进给量 /（mm/r）
粗镗	高速钢	20~25	—	15~30	—	100~150	0.5~1.5
	硬质合金	30~35	0~1.5	50~70	0.35	100~250	—
半精镗	高速钢	20~35	0.15~0.45	15~50	—	100~200	0.2~0.5
	硬质合金	50~70	—	91~130	0.15~0.45	—	—
精镗	高速钢	—	D1 级 0.08	—	—	—	—
	硬质合金	70~90	D1 级 0.12~0.15	100~130	0.2~0.15	150~400	0.06~0.1

表 3-5　攻螺纹切削速度

工件材料	铸铁	钢及其合金钢	铝及其铝合金
切削速度 v_c/（m·min）	2.5~5	1.5~5	5~15

表 3-6　金属材料用高速钢钻孔的切削用量

工件材料	牌号或硬度	切削用量	钻头直径/mm			
			1~6	6~12	12~22	22~50
铸铁	160~200 HB	切削速度/(mm/min)	16~24			
		进给量/(mm/r)	0.07~.12	0.12~0.2	0.2~0.4	0.4~0.8
	200~241 HB	切削速度/(mm/min)	10~18			
		进给量/(mm/r)	0.05~0.1	0.1~0.18	0.18~0.25	0.25~0.4
	300~400 HB	切削速度/(mm/min)	8~25			
		进给量/(mm/r)	0.03~0.08	0.08~0.15	0.15~0.2	0.2~0.3
钢	35、45	切削速度/(mm/min)	8~25			
		进给量/(mm/r)	0.05~0.1	0.1~0.2	0.2~0.3	0.3~0.45
	15Cr、20Cr	切削速度/(mm/min)	12~30			
		进给量/(mm/r)	0.05~0.1	0.1~0.2~	0.2~0.3	0.3~0.45
	合金钢	切削速度/(mm/min)	8~18			
		进给量/(mm/r)	0.03~0.08	0.08~0.15	0.15~0.25	0.25~0.35

表 3-7　有色金属材料用高速钢钻孔的切削用量

工件材料	牌号或硬度	切削用量	钻头直径/mm		
			3~8	8~25	25~50
铝	纯铝	切削速度/(mm/min)	20~50		
		进给量/(mm/r)	0.03~0.2	0.06~0.5	0.15~0.8
	铝合金（长切削）	切削速度/(mm/min)	20~50		
		进给量/(mm/r)	0.05~0.25	0.1~0.6	0.2~1.0
	铝合金（短切削）	切削速度/(mm/min)	20~50		
		进给量/(mm/r)	0.03~0.1	0.05~0.15	0.08~0.36
铜	黄铜、青铜	切削速度/(mm/min)	60~90		
		进给量/(mm/r)	0.06~0.15	0.15~0.3	0.3~0.75
	硬青铜	切削速度/(mm/min)	25~45		
		进给量/(mm/r)	0.05~0.15	0.12~0.25	0.25~0.5

4. 主轴转速 n

主轴转速一般根据切削速度 v_c 来选定。计算公式为

$$n = \frac{1\,000 \times v_c}{\pi \times d}$$

式中　d——刀具或工件直径，单位为 mm。

对于球头立铣刀的计算直径 D_e，一般要小于铣刀直径 D，故其实际转速不应按铣刀直径 D 计算，而应按计算直径 D_e 计算。

$$D_e = \sqrt{D^2 - (D - D \times a_p)^2}$$

式中　a_p——背吃刀量。

而

$$n = \frac{1\,000 \times v_c}{\pi \times D_e}$$

数控机床的控制面板上一般备有主轴转速修调（倍率）开关和进给速度修调（倍率）开关,可在加工过程中对主轴转速和加工速度进行调整。

思考与练习

1. 如何选择背吃刀量和侧吃刀量?
2. 如何选择切削转速?

任务三　定位与夹具选择

任务描述

合理选择定位基准对保证数控铣床的加工精度,提高生产效率具有重要的作用。为了保证加工精度,提高生产效率,一般要求数控铣床的夹具比普通机床夹具的结构更加紧凑、简单,夹紧动作迅速、准确,操作方便、省力、安全,并且有足够的刚性。

一、对夹具的基本要求

(1)为保持工件在本工序中所有需要完成的待加工面充分暴露在外,夹具要做得尽可能开敞,因此夹紧机构元件与加工面之间应保持一定的安全距离,同时要求夹紧机构元件的高度不宜过高,以防止夹具与铣床主轴套筒或刀套、刃具在加工过程中发生碰撞。

(2)为保持零件安装方位与机床坐标系及编程坐标系方向的一致性,夹具应能保证在机床上实现定向安装,还要求能协调零件定位面与机床之间保持一定的坐标联系。

(3)夹具的刚性与稳定性要好。尽量不采用在加工过程中更换夹紧点的设计,当必须要在加工过程中更换夹紧点时,要特别注意不能因更换夹紧点而破坏夹具或工件定位精度。

二、常用夹具种类

常用夹具包括以下几种:

(1)平口钳。平口钳是一种通用夹具,使用时应先校正其在工作台上的位置,保证钳口与工作台台面的垂直度与平行度。图3-19所示为机用平口钳。

(2)万能组合夹具。万能组合夹具适合于小批量生产或研制过程中的中、小型工件的铣削加工。图3-20所示为槽系组合夹具组装过程示意图。

图3-19　机用平口钳

(3)专用铣削夹具。专用铣削夹具是特别为某一项或类似的几项工件设计制造的夹具,一般在年产量较大或研制过程中使用较多。其结构固定,仅适用于一个具体零件的具体工序,这类夹具设计时应力求简化,使制造时间尽可能缩短。

(4)多工位夹具。多工位夹具可以同时装夹多个工件,可减少换刀次数,也便于边加工,边装卸工件,有利于缩短辅助时间,提高生产率,较适宜于中批量生产。

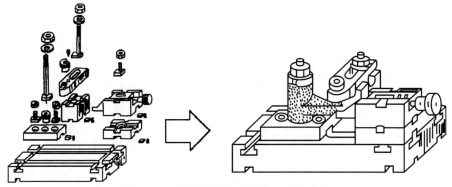

图 3 - 20 槽系组合夹具组装过程示意图

(5)气动或液压夹具。气动或液压夹具适用于生产批量较大,采用其他夹具又特别费工、费力的工件,能减轻工人劳动强度和提高生产率,但此类夹具结构较复杂,造价往往较高,而且制造周期较长。图 3 - 21 所示为数控气动立卧式分度工作台。端齿盘为分度元件,靠气动转位分度,可完成以 5°为基数的整倍垂直(或水平)回转坐标的分度。

(6)通用铣削夹具。图 3 - 22 所示为数控铣床上通用可调夹具系统。该系统由基础件 1 和另外一套定位夹紧调整件组成,基础件 1 为内装立式油缸 2 和卧式液压缸 3 的平板,通过销 4 与 5 和机床工作台的一个孔与槽对定;夹紧元件可从上面或侧面把双头螺杆或螺栓旋入油缸活塞杆,对不用的对定孔用螺塞封盖。图 3 - 23(a)所示的数控回转台可用于四面加工;图 3 - 23(b)、(c)所示的数控回转台可用于圆柱凸轮的空间成形面和平面凸轮加工;图 3 - 23(d)所示为双回转台,可用于加工在表面上呈不同角度布置的孔,可用于五个方向的加工。

图 3 - 21 数控气动立卧式分度工作台

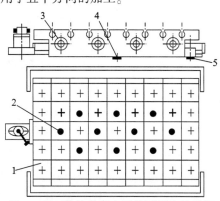

图 3 - 22 数控铣床上通用可调夹具系统
1—基础件;2—立式油缸;3—卧式液压缸;
4、5—销

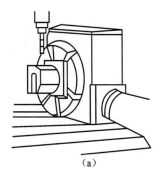

（a）

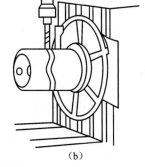

（b）

图 3 - 23 数控回转台

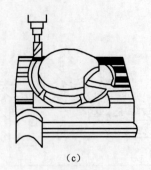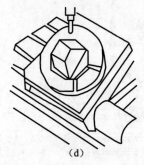

(c)　　　　　　　　　　　(d)

图 3 – 23　数控回转台(续)

三、数控铣削夹具的选用原则

在选用夹具时,通常需要考虑产品的生产批量、生产效率、质量保证及经济性等因素,可参照以下原则:

(1)在生产量小或研制过程中,应广泛采用万能组合夹具,只有在组合夹具无法解决工件装夹时才考虑采用其他夹具。

(2)小批量或成批生产时可考虑采用专用夹具,但结构应尽量简单。

(3)在生产批量较大的零件时可考虑采用多工位夹具和气动、液压夹具。

思考与练习

1. 机床对夹具的要求是什么?

2. 夹具的选用原则是什么?

● **完成任务**(任务学习完成后填写项目评价表)

任务评价表

课程_____　　　　日期_____　　　　组别_____　　　　组员_____

项目内容					
掌握情况	平面及曲面的铣削方法	顺铣及逆铣的特点	背吃刀量及侧吃刀量的选择	机床对夹具的要求	夹具的选用原则
分析原因及对策					
填表人		检测人		审核人	

任务四　认知程序代码

国际标准化组织(ISO)在数控技术方面制定了一系列相应的国际标准,各国也都根据本国的实际情况制定了各自的国家标准,这些标准是数据加工编程的基本原则。

在数控加工编程中常用的标准主要有以下几类:

(1)数控纸袋的规格。

(2)数控机床坐标轴和运动方向。

(3)数控编程的编程字符。

(4)数控编程的程序段结构。

(5)数控编程的功能代码。

国际上通用的有 EIA(美国电子工业协会)和 ISO(国际标准化协会)两种代码,代码中有数字码(0~9)、文字码(A~Z)和符号码。国内外广泛采用八单位标准穿孔纸袋作为数控系统的控制介质。

EIA 代码和 ISO 代码的主要区别在于:EIA 代码每行孔数为奇数,其第 5 列为补奇列;ISO 代码各行孔数为偶数孔,其第 8 列为补偶列。补奇或补偶的作用是判别纸袋的穿孔是否有误。

思考与练习

国际上通用的代码的主要有哪些?

任务五　认知程序结构

加工程序是由若干程序段组成的,而程序段是由一个或若干个指令字组成的,指令字代表某一信息单元,每个指令字由地址符和数字组成,它代表机床的一个位置或一个动作,每个程序段结束处应有 EOB 或 CR,表示该程序段结束转入下一个程序段。地址符由字母组成,每一个字母、数字和符号都称为字符。

为运行机床而送到 CNC 数控系统的一组指令称为程序。按照指定的指令,刀具沿着直线或圆弧移动,主轴电动机按照指令旋转或停止。在程序中,以刀具实际移动的顺序来指定指令。一组单步的顺序指令称为程序段。一个程序段从识别程序段的顺序号开始,到程序段结束代码结束。在本书中用";"或回车符来表示程序段结束代码(在 ISO 代码中为LF,而在 EIA 代码中为 CR)。

程序结构举例如表 3-8 所示。

表 3 - 8　程序范例

程　序　内　容	注　　　释
%	开始符
O0004	程序号
N1G90G54G00X0Y0S1000M03；	第一程序段
N2Z100.0；	第二程序段
N3G41D01X20.0Y10.0；	
N4Z2.0；	
N5G01Z-10.1F100；	
N6Y50.0F200；	
N7X50.0；	
N8Y20.0；	
N9X10.0；	
N10G00Z100.0；	
N11G40X0Y0M05；	
N12M30；	程序结束

(1)程序段序号(顺序号):通常用四位数字表示,即 0000 ~ 9999,在数字前还冠有标识符号 N,例如 N0001 等。

(2)准备功能(G 功能):由表示准备功能地址符 G 和两位数字组成。

(3)坐标字:由坐标地址符和数字组成,且按一定的顺序进行排列,各组数字必须由作为地址代码的字母(如 X、Y 等)开头。各坐标轴的地址符一般按以下顺序排列:

X、Y、Z、U、V、W、Q、R、A、B、C、D、E。

其中,数字的格式和含义为 X50.,X50.0 和 X50000 都表示沿 X 轴移动 50 mm。

(4)进给功能(F 功能):由进给地址符 F 和数字组成,数字表示所选定的进给速度,一般为四位数字码,单位一般为 mm/min 或 mm/r。

(5)主轴转速功能(S 功能):由主轴地址符 S 和数字组成,数字表示主轴转速,单位为 r/min。

(6)刀具功能(T 功能):由地址符 T 和数字组成,用以指定刀具的号码。

(7)辅助功能(M 功能):由辅助操作地址符 M 和两位数字组成。M 功能的代码已标准化。

(8)程序段结束符号:列在程序段的最后一个有用的字符之后,表示程序段结束。

一、FANUC 数控系统编程指令综述

1. 可编程功能

通过编程并运行这些程序使数控机床能够实现的功能,称为可编程功能。一般可编程功能分为两类:一类用来实现刀具轨迹控制,即各进给轴的运动,如直线/圆弧插补、进给控制、坐标系原点偏置及变换、尺寸单位设定、刀具偏置及补偿等,这一类功能被称为准备功能,以字母

G 以及两位数字组成,也被称为 G 代码;另一类功能被称为辅助功能,用来完成程序的执行控制、主轴控制、刀具控制、辅助设备控制等功能。在这些辅助功能中,T×× 用于选刀,S×××× 用于控制主轴转速。其他功能由以字母 M 与两位数字组成的 M 代码来实现。

2. 准备功能

FANUC Oi mate 的准备功能如表 3－9 所示。

表 3－9　FANUC Oi mate 的准备功能

G 代码	分　组	功　　能
▲ G00	01	定位(快速移动)
▲ G01		直线插补(进输速度)
G02		顺时针圆弧插补
G03		逆时针圆弧插补
G04	00	暂停;精确停止
G09		精确停止
▲ G17	02	选择 XY 平面
G18		选择 ZX 平面
G19		选择 YZ 平面
G27	00	返回并检查参考点
G28		返回参考点
G29		从参考点返回
G30		返回第二参考点
▲ G40	07	取消刀具半径补偿
G41		左侧刀具半径补偿
G42		右侧刀具半径补偿
G43	08	刀具长度补偿 ＋
G44		刀具长度补偿 －
G49		取消刀具长度补偿
G52	00	设置局部坐标系
G53		选择机床坐标系
G54	14	选用 1 号工件坐标系
G55		选用 2 号工件坐标系
G56		选用 3 号工件坐标系
G57		选用 4 号工件坐标系
G58		选用 5 号工件坐标系
G59		选用 6 号工件坐标系

续表

G 代码	分　组	功　　能
G60	00	单一方向定位
▲G61	15	精确停止方式
G64		切削方式
G65	00	宏程序调用
G66	12	模态宏程序调用
▲G67		取消模态宏程序调用
G73	09	深孔钻削固定循环
G74		反攻螺纹固定循环
G76		精锤固定循环
▲G80		取消固定循环
G81		钻削固定循环
G82		钻削固定循环
G83		深孔钻削固定循环
G84		攻螺纹固定循环
G85		锤削固定循环
G86		锤削固定循环
G87		反锤固定循环
G88		锤削固定循环
G89		锤削固定循环
▲G90	03	绝对值指令方式
▲G91		增量值指令方式
G92	00	工作零点设定
▲G98	10	固定循环返回初始点
G99		固定循环返回 B 点

3. 辅助功能

机床用 S 代码来对主轴转速进行编程,用 T 代码来进行选刀编程,其他可编程辅助功

能由 M 代码来实现。一般地，一个程序段中，M 代码最多可以有一个(Oi 系统最多可有 3
个)。M 代码功能列表如表 3 – 10 所示。

表 3 – 10　常用的 M 代码

M 代码	功　　　　能
M00	程序暂停
M01	条件程序暂停
M02	程序结束
M03	主轴正转
M04	主轴反转
M05	主轴停止
M06	刀具交换
M08	冷却开
M09	冷却关
M18	主轴定向解除
M19	主轴定向
M29	刚性攻螺纹
M30	程序结束并返回程序头
M98	调用子程序
M99	子程序结束返回/重复执行

二、插补功能

1. 快速定位(G00)

格式：G00 IP_；

IP_在本书中代表任意多个(最多 5 个)进给轴地址的组合，当然，每个地址后面都会有
一个数字作为赋给该地址的值，一般机床有 3 个进给轴(个别机床有 4 ~ 5 个进给轴)即 X、
Y、Z 轴，所以 IP_可以代表如"X12. Y119. Z – 37. "或"X287. 3Y Z73. 5 Z45. "等内容。

G00 这条指令所做的就是使刀具以较高的速率移动到 IP_指定的位置，被指定的各轴
之间的运动是互不相关的，也就是说刀具移动的轨迹不一定是一条直线。在 G00 指令下，
快速倍率为 100% 时，各轴运动的速度是机床的最快移动速度，目前的机床速率通常大于
15 m/min，该速率不受当前 F 值的控制。当各运动轴到达运动终点并发出位置到达信号
后，CNC 数控系统认为该程序段已经结束，并转向执行下一程序段。

说明：可以用系统参数(例如 Oi 系统 No. 1401 的第 1 位 LRP)选择 G00 指令的移动
轨迹。

(1)非直线插补定位：刀具分别以每轴的快速移动速率定位。刀具轨迹一般不是直线。

(2)直线插补定位：刀具轨迹与直线插补(G01)相同。刀具以不超过每轴的快速移动
速率，在最短的时间内定位。

这两种插补方式的区别如图 3-24 所示。

2. 直线插补(G01)

格式:G01 IP_F_;

G01 指令使当前的插补模态成为直线插补模态,刀具从当前位置移动到 IP_指定的位置,其轨迹是一条直线,F_指定了刀具沿直线运动的速度,单位为 mm/min

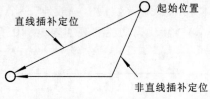

图 3-24 G00 指令移动方式

(X、Y、Z 轴)。第一次出现 G01 指令时,必须指定 F 值,否则机床报警。

3. 圆弧插补(G02/G03)

图 3-25 所示的指令可以使刀具沿圆弧轨迹运动。

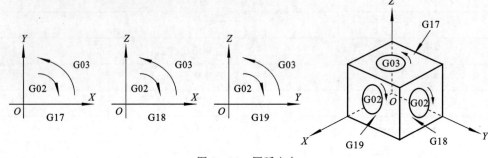

图 3-25 圆弧方向

在 XOY 平面:

G17{G02/G03}X_Y_{(I_J_)/R_}F_;

在 XOZ 平面:

G18{G02/G03}X_Z_{(I_K_)/R_}F_;

在 YOZ 平面:

G19{G02/G03}Y_Z_{(J_K_)/R_}F_;

三、进给功能

为切削工件,将刀具以指定速度移动称为进给;将指定进给速度的功能称为进给功能。

1. 进给速度

数控机床的进给一般分为两类:快速定位进给及切削进给。快速定位在指令 G00、手动快速移动以及固定循环时的快速进给和点位之间的运动时出现。快速定位进给的速度是由机床参数给定的,所以,快速移动速度不需要编程指定。按下机床控制面板上的开关,可以对快速移动速度施加倍率,倍率值为 F0,25,50,100%。其中 F0:由机床参数设定每个轴的固定速度。

F 的最大值也由机床参数控制,如果编程的 F 值大于此值,实际的进给切削速度将限制为最大值。切削进给的速度还可以由机床控制面板上的进给倍率开关来控制,实际的切削进给速度应该为 F 的给定值与倍率开关给定倍率的乘积。

2. 暂停(G04)

暂停的作用是在两个程序段之间产生一段时间间隔。

格式:G04 P_;或 G04 X_;

地址 P_或 X_给定暂停的时间,以 s 为单位,范围是 0.001 ~ 9 999.999 s。如果没有 P 或 X,G04 在程序中的作用与 G09 相同。

四、参考点

参考点是机床上的一个固定的点,它的位置由各轴的参考点开关和撞块位置以及各轴伺服电动机的零点位置来确定。用参考点返回功能刀具可以非常容易地移动到该位置。参考点可用作刀具自动交换的位置。用机床参数可在机床坐标系中设定四个参考点。

五、坐标系

通常编程人员在开始编程时,并不知道被加工零件在机床上的位置,其所编制的零件程序通常是以工件上的某个点作为零件程序的坐标系原点来编写加工程序,当被加工零件夹压在机床工作台上以后,再将 CNC 数控系统所使用的坐标系的原点偏移到与编程使用的原点重合的位置进行加工。所以坐标系原点偏移功能对于数控机床来说是非常重要的。

编程指令可以使用以下三种坐标系:

(1)机床坐标系。

(2)工件坐标系。

(3)局部坐标系(G52)。G52 可以建立一个局部坐标系,局部坐标系相当于 G54 ~ G59 坐标系的子坐标系。

格式:G52 IP_;

该指令中,IP_给出了一个相对于当前 G54 ~ G59 坐标系的偏移量。也就是说,IP_给定了局部坐标系原点在当前 G54 ~ G59 坐标系中的位置坐标,即使该 G52 指令执行前已经由一个 G52 指令建立了一个局部坐标系。取消局部坐标系的方法也非常简单,使用 G52 IP0;即可。

六、平面选择

这一组指令用于选择进行圆弧插补以及刀具半径补偿所在的平面。使用方法如图 3 – 26 所示。

G17——选择 XY 平面;

G18——选择 ZX 平面;

G19——选择 YZ 平面。

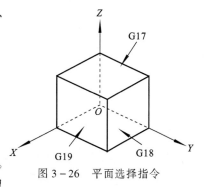

图 3 – 26 平面选择指令

七、坐标值和尺寸单位

绝对值和增量值编程(G90 和 G91)

绝对值指令和增量值指令,是刀具运动的两种方法。绝对值指令是指刀具移动到"距坐标系零点某一距离"的点,即刀具移动到坐标值的位置;增量值指令是指刀具从前一个位置移动到下一个位置的位移量。

在绝对值指令模态下,指定的是运动终点在当前坐标系中的坐标值;而在增量值指令模态下,指定的是各轴运动的距离。G90 和 G91 这对指令被用来选择使用绝对值模态或增量值模态。

G90——绝对值指令;

G91——增量值指令。

绝对值方式和增量值方式的编程如图 3 – 27 所示。

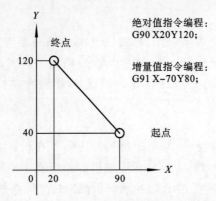

图 3-27 绝对值方式和增量值方式的编程

八、辅助功能

1. M 代码

在机床中,M 代码分为两类:一类由 CNC 数控系统直接执行,用来控制程序的执行;另一类由 PMC 来执行,控制主轴、ATC 装置和冷却系统。

(1) 程序控制用 M 代码。

用于程序控制的 M 代码有 M00、M01、M02、M30、M98、M99,其分别有以下功能:

M00——程序暂停。CNC 数控系统执行到 M00 时,中断程序的执行,按下机床控制面板的"循环启动"按钮可以继续执行程序。

M01——条件程序暂停。CNC 数控系统执行到 M01 时,若 M01 有效开关置为上位,则 M01 与 M00 指令有同样效果,如果 M01 有效开关置下位,则 M01 指令不起任何作用。

M02——程序结束。遇到 M02 指令时,NC 认为该程序已经结束,停止程序的运行并发出一个复位信号。

M30——程序结束,并返回程序头。在程序中,M30 除了起到与 M02 同样的作用外,还使程序返回程序头。

M98——调用子程序。

M99——子程序结束,返回主程序。

(2) 其他 M 代码。

其他 M 代码有 M03、M04、M05、M06、M08、M09,其分别有以下功能:

M03——主轴正转。使用该指令使主轴以当前指定的主轴转速逆时针(CCW)旋转。

M04——主轴反转。使用该指令使主轴以当前指定的主轴转速顺时针(CW)旋转。

M05——主轴停止。

M06——自动刀具交换(参阅机床操作说明书)。

M08——冷却开。

M09——冷却关。

机床厂家往往将自行开发的机床功能设置为 M 代码(例如机床开/关门),这些 M 代码请参阅机床自带的使用说明书。

2. T 代码

机床刀具库使用任意选刀方式,即由两位的 T 代码 T×× 指定刀具号而不必管这把刀在哪一个刀套中,地址 T_ 的取值范围可以是 1~99 的任意整数,在 M06 指令之前必须有一个 T 码,如果 T_指令和 M06 指令出现在同一程序段中,则 T 码也要写在 M06 指令之前。

3.S 代码

一般机床主轴转速范围是 20～60 007 r/min。主轴的转速指令由 S 代码给出,S 代码是模态的,即转速值给定后始终有效,直到另一个 S 代码改变为模态值。主轴的旋转指令则由 M03 指令或 M04 指令实现。

九、刀具补偿功能

1.刀具长度补偿(G43,G44,G49)

使用 G43(G44)H_;指令可以将 Z 轴运动的终点向正向或负向偏移一段距离,这段距离等于 H 指令的补偿号中存储的补偿值。G43 或 G44 是模态指令,H_指定的补偿号也是模态的。使用这条指令,编程人员在编写加工程序时就可以不必考虑刀具的长度而只需考虑刀尖的位置即可。刀具磨损或损坏后,在更换新的刀具时也不需要更改加工程序,直接修改刀具补偿值即可。

2.刀具半径补偿

当使用加工中心进行内、外轮廓的铣削时,刀具中心的轨迹能够使刀具中心在编程轨迹的法线方向上与编程轨迹的距离始终等于刀具的半径,如图 3－28 所示。在机床上,这样的功能可以由 G41 或 G42 指令来实现。

格式:G41(G42)D_;

(1)补偿向量。补偿向量是一个二维向量,由它

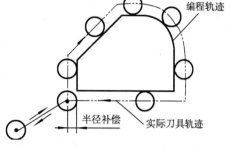

图 3－28　刀具的半径补偿图

来确定在进行刀具半径补偿时的实际位置和编程位置之间的偏移距离和方向。补偿向量的模即实际位置和补偿位置之间的距离始终等于指定补偿号中存储的补偿值,补偿向量的方向始终为编程轨迹的法线方向,如图 3－29 所示。该编程向量由 CNC 数控系统根据编程轨迹和补偿值计算得出,并由此控制刀具(X、Y 轴)的运动完成补偿过程。

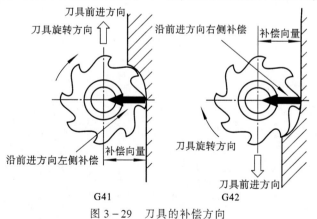

图 3－29　刀具的补偿方向

(2)补偿值。在 G41 或 G42 指令中,地址 D_指定了一个补偿号,每个补偿号对应一个补偿值。补偿号的取值范围为 0～200,这些补偿号由长度补偿和半径补偿共用。和长度补偿一样,D00 意味着取消半径补偿。补偿值的取值范围和长度补偿相同。

(3)平面选择。刀具半径补偿只能在被 G17、G18 或 G19 选择的平面上进行,在刀具半径补偿的模态下,不能改变平面的选择,否则出现 P/S 报警。

（4）G40、G41 和 G42。G40 用于取消刀具半径补偿模态；G41 为左向刀具半径补偿；G42 为右向刀具半径补偿。这里所说的左和右是指沿刀具运动方向而言的。G41 和 G42 的区别如图 3 – 30 所示。

图 3 – 30　G41 和 G42 的区别

注意：使用刀具半径补偿时，在指定了刀具半径补偿模态及非零的补偿值后，第一个在补偿平面中产生运动的程序段为刀具半径补偿开始的程序段，在该程序段中，不允许出现圆弧插补指令，否则 CNC 数控系统会给出 P/S 报警；在刀具半径补偿开始的程序段中，补偿值从零均匀变化到给定的值，同样的情况出现在刀具半径补偿被取消的程序段中，即补偿值从给定值均匀变化到零，所以在这两个程序段中，刀具不应该接触到工件，否则就会出现过切现象。

十、固定循环指令

1. 孔加工固定循环（G73,G74,G76,G80 ~ G89）

应用孔加工固定循环功能，使得其他方法需要几个程序段完成的功能可在一个程序段内完成。

表 3 – 11 所示为所有孔加工固定循环指令。

表 3 – 11　固定循环指令

G 代码	加工运动（Z 轴负向）	孔底动作	返回运动（Z 轴正向）	应 用
G73	分次，切削进给	—	快速定位进给	高速探孔钻削
G74	切削进给	暂停；主轴正转	切削进给	攻左螺纹
G76	切削进给	主轴定向，让刀	快速定位进给	精镗循环
G80	—	—	—	取消固定循环
G81	切削进给	—	快速定位进给	普通钻削循环
G82	切削进给	暂停	快速定位进给	钻削或粗镗削
G83	分次，切削进给	—	快速定位进给	深孔钻削循环
G84	切削进给	暂停；主轴反转	切削进给	攻右螺纹
G85	切削进给	—	快速定位进给	镗削循环
G86	切削进给	主轴停	快速定位进给	镗削循环
G87	切削进给	主轴正转	快速定位进给	反镗削循环
G88	切削进给	暂停；主轴停	手动	镗削循环
G89	切削进给	暂停	切削进给	镗削循环

一般地,一个孔加工固定循环完成六步操作,如图3-31所示。

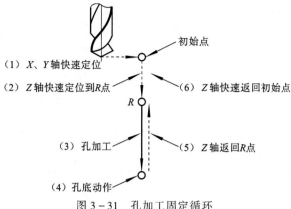

（1）X、Y轴快速定位

（2）Z轴快速定位到R点　　　　　　（6）Z轴快速返回初始点

（3）孔加工　　　　（5）Z轴返回R点

（4）孔底动作

图3-31　孔加工固定循环

在图3-31中采用以下方式表示各段的进给:

表示以快速进给速率运动。

表示以切削进给速率运动。

表示手动进给。

对孔加工固定循环指令的执行有影响的指令主要有 G90/G91 及 G98/G99 指令。图3-32所示为 G90/G91 对孔加工固定循环指令的影响。G98/G99 决定固定循环在孔加工完成后返回 R 点还是起始点,G98 模态下,孔加工完成后 Z 轴返回起始点;在 G99 模态下则返回 R 点。

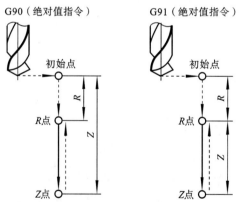

图3-32　G90/G91 对孔加工固定循环指令的影响

一般地,如果被加工的孔在一个平整的平面上,可以使用 G99 指令,因为 G99 模态下需要返回 R 点进行下一个孔的定位,而一般编程中 R 点非常靠近工件表面,这样可以缩短零件加工时间,但如果工件表面有高于被加工孔的凸台或肋板时,使用 G99 时非常有可能使刀具和工件发生碰撞,这时,就应该使用 G98,使 Z 轴返回初始点后再进行下一个孔的定位,这样就比较安全,如图3-33所示。

在 G73/G74/G76/G81～G89 后面,给出孔加工参数。格式如下:

G×× X_Y_Z_R_Q_P_F_K_;

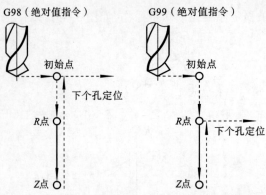

图 3-33 G98/G99 对孔加工固定循环指令的影响

表 3-12 所示为各地址指定的加工参数的含义。

表 3-12 固定循环指令的参数

孔加工方式 G	含 义
被加工孔位置参数 X、Y	以增量值方式或绝对值方式指定被加工孔的位置,刀具向被加工孔运动的轨迹和速度与 G00 的相同
孔加工参数 Z	在绝对值方式下指定沿 Z 轴方向孔底的位置,增量值方式下指定从 R 点到孔底的距离
孔加工参数 R	在绝对值方式下指定沿 Z 轴方向 R 点的位置,增量值方式下指定从初始点到 R 点的距离
孔加工参数 Q	用于指定深孔钻循环 G73 和 83 中的每次进刀量,精镗循环 G76 和反镗循环 G87 中的偏移量(无论 G90 或 G91 模态,总是增量值指令)
孔加工参数 P	用于孔义动作有暂停的固定循环中指定暂停时间,单位为秒
孔加工参数 F	用于指定固定循环中的切削进给速率,在固定循环中,从初始点到 R 点及从 R 点到初始点的运动以快速进给的速度进行,从 R 点到 Z 点的运动以 F 指定的切削进给速度进行,而从 Z 点返回 R 点的运动则根据固定循环的不同,以 F 指定的速率或快速进给速率进行
重复次数 K	指定固定循环在当前定位点的重复次数

由 G×× 指定的孔加工方式是模态式的,如果不改变当前的孔加工方式模态或取消固定循环,则孔加工模态会一直保持下去。使用 G80 或 01 组的 G 指令可以取消固定循环。孔加工参数也是模态的,在被改变或固定循环被取消之前也会一直保持,即使孔加工模态被改变。可以在指令一个固定循环时或执行固定循环中的任何时候指定或改变任何一个孔加工参数。重复次数 K 不是一个模态的值,它只在需要重复的时候给出。进给速率 F 则是一个模态的值,即使固定循环取消后它仍然会保持。如果正在执行固定循环的过程中CNC 数控系统被复位,则孔加工模态、孔加工参数及重复次数 K 均被取消。

用表 3-13 所示的例子可以更好地理解上述内容。

表 3 - 13　程序范例

序号	程 序 内 容	注　释
1	S_M03	给出转速,并指定主轴正向旋转
2	G81X_Y_Z_R_F_K_;	快速定位到 X、Y 指定点,以 Z、R、F 给定的孔加工参数,G81 给定的孔加工方式进行加工,并重复 K 次,在固定循环执行的开始,Z、R、F 是必要的孔加工参数
3	Y_;	X 轴不动,Y 轴快速定位到指令点进行孔的加工,孔加工参数及孔加工方式保持序号 2 中的模态值。序号 2 中的 K 值在此不起作用
4	G82X_P_K_;	孔加工方式被改变,孔加工参数 Z、R、K 保持模态值,给定孔加工参数 P 的值,并指定重复 K 次
5	G80X_Y_;	固定循环被取消,除 F 以外的所有孔加工参数被取消
6	G85X_Y_Z_R_P_;	由于执行序号 5 时固定循环已被取消,所以必要的孔加工参数除 F 之外必须重新给定,即使这些参数和原值相比没有变化
7	X_Z_;	X 轴定位到指令点进行孔的加工,孔加工参数 Z 在此程序段中被改变
8	G89X_Y_;	定位到 X、Y 指令点进行孔加工、孔加工方式被改变为 G98。R、P 由序号 6 指定,Z 由序号 7 指定
9	G01X_Y_;	固定循环模态被取消,除 F 外所有的孔加工参数都被取消

当加工在同一条直线上的等分孔时,可以在 G91 模态下使用 K 参数,K 的最大取值为 9 999。

G91G81X_Y_Z_R_F_K5;

以上程序段中,X、Y 指令给定了第一个被加工孔和当前刀具所在点的距离,各被加工孔的位置如图 3 - 34 所示。

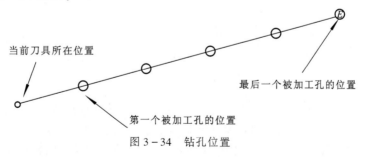

图 3 - 34　钻孔位置

2. G73(高速深孔钻削循环)

在高速深孔钻削循环中,从 R 点到 Z 点的进给是分段完成的,每段切削进给完成后 Z 轴向上抬起一段距离,然后再进行下一段的切削进给,Z 轴每次向上抬起的距离为 d,由机床参数给定,每次进给的深度由孔加工参数 Q 给定,如图 3 - 35 所示。该固定循环主要用于径深比小的孔(如 $\phi5$,深 70)的加工,每段切削进给完毕后 Z 轴抬起的动作起到了断屑的作用。

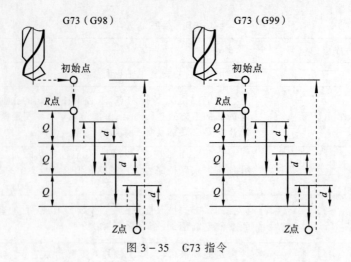

图 3 - 35　G73 指令

3. G74(攻左螺纹循环)

在使用攻左螺纹循环时,循环开始前必须进行 M04 指令使主轴反转,并且使 F 与 S 的比值等于螺距,如图 3 - 36 所示。另外,在 G74 或 G84 循环进行中,进给倍率开关和进给保持开关的作用将被忽略,即进给倍率被保持在 100% ,而且在一个固定循环执行完毕之前不能中途停止。

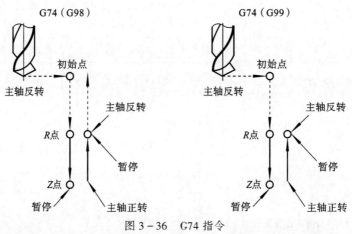

图 3 - 36　G74 指令

4. G76(精镗循环)

X、Y 轴定位后,Z 轴快速运动到 R 点,再以 F 给定的速度进给到 Z 点,然后主轴定向并向给定的方向移动一段距离,再快速返回初始点或 R 点;返回后,主轴再以原来的转速和方向旋转,如图 3 - 37 所示。在这里,孔底的移动距离由孔加工参数 Q 给定,Q 始终应为正值,移动的方向由机床参数给定。

在使用该固定循环时,应注意孔底移动的方向是使主轴定向后,刀尖离开工件表面的方向,这样退刀时便不会划伤已加工好的工件表面,可以得到较好的精度和较低的表面粗糙度。

注意:每次使用该固定循环或者更换使用该固定循环的刀具时,应注意检查主轴定向后刀尖的方向与要求是否相符。如果加工过程中出现刀尖方向不正确的情况,将会损坏工件、刀具甚至机床。

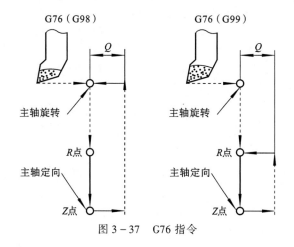

图 3-37　G76 指令

5. G80(取消固定循环)

G80 指令被执行以后,固定循环(G73、G74、G76、G81～G89)被该指令取消,R 点和 Z 点的参数以及除 F 外的所有孔加工参数均被取消。另外 01 组的 G 代码也会起到同样的作用。

6. G81(钻削循环)

G81 是最简单的固定循环,其执行过程:X、Y 轴定位后,Z 轴快进到 R 点,以 F 速度进给到 Z 点,快速返回初始点(G98)或 R 点(G99),没有孔底动作,如图 3-38 所示。

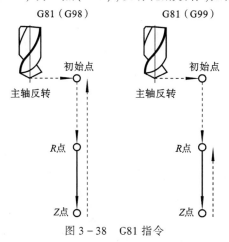

图 3-38　G81 指令

7. G82(钻削循环,粗镗削循环)

G82 固定循环在孔底有一个暂停的动作,除此之外和 G81 完全相同,如图 3-39 所示。孔底的暂停可以提高孔深的精度。

8. G83(深孔钻削循环)

和 G73 指令相似,G83 指令下从 R 点到 Z 点的进给也分段完成,和 G73 指令不同的是,每段进给完成后,Z 轴返回的是 R 点,然后以快速进给速率运动到距离下一段进给起点下方 d 的位置开始下一段进给运动,如图 3-40 所示。

每段进给的距离由孔加工参数 Q 给定,Q 始终为正值,d 的值由机床参数给定。

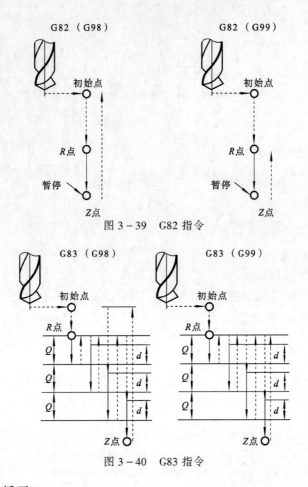

图 3 – 39 G82 指令

图 3 – 40 G83 指令

9. G84（攻螺纹循环）

G84 固定循环除主轴旋转的方向完全相反外，其他与左攻螺纹循环 G74 完全一样，如图 3 – 41 所示。

注意：在循环开始以前指令主轴正转。

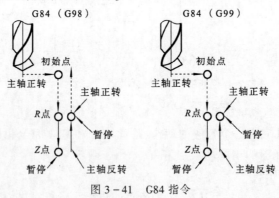

图 3 – 41 G84 指令

10. G85（镗削循环）

该固定循环非常简单，执行过程如下：X、Y 轴定位后，Z 轴快速移至 R 点，以 F 给定的速度进给到 Z 点以 F 给定速度返回 R 点，如果在 G98 模态下，返回 R 点后再快速返回初始点，如图 3 – 42 所示。

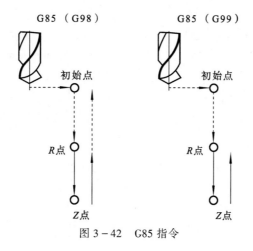

图 3－42　G85 指令

11. G86（镗削循环）

该固定循环的执行过程和 G81 相似,不同之处是 G86 中刀具进给到孔底时使主轴停止,快速返回到 R 点或初始点时再使主轴以原方向、原转速旋转,如图 3－43 所示。

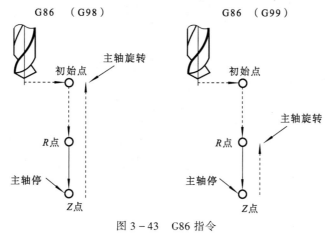

图 3－43　G86 指令

12. G88（镗削循环）

固定循环 G88 是带有手动返回功能的用于镗削的固定循环,其编程指令示意图如图 3－44所示。

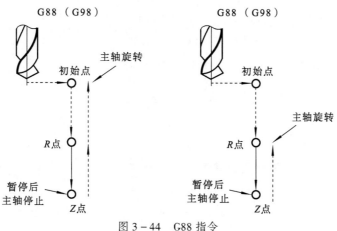

图 3－44　G88 指令

13. G89（镗削循环）

该固定循环在 G85 的基础上增加了孔底的暂停，如图 3－45 所示。

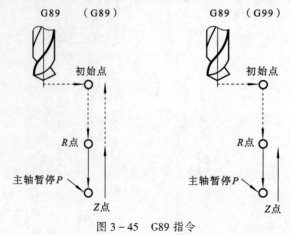

图 3－45　G89 指令

14. 使用孔加工固定循环的注意事项

（1）编程时需注意在固定循环指令之前，必须先使用 S 和 M 代码指定主轴旋转方向。

（2）在固定循环模态下，包含 X、Y、Z、A、R 的程序段将执行固定循环，如果一个程序段不包含上列的任何一个地址，则在该程序段中将不执行固定循环，G04 中的地址 X 除外。另外，G04 中的地址 P 不会改变孔加工参数中的 P 值。

（3）孔加工参数 Q、P 必须在固定循环被执行的程序段中被指定，否则指令的 Q、P 值无效。

（4）在执行含有主轴控制的固定循环（如 G74、G76、G84 等）过程中，刀具开始切削进给时，主轴有可能还没有达到指令设定转速。这种情况下，需要在孔加工操作之间加入 G04 暂停指令。

（5）由于 01 组的 G 代码也起到取消固定循环的作用，所以不能将固定循环指令和 01 组的 G 代码写在同一程序段中。

（6）如果执行固定循环的程序段中指令了一个 M 代码，M 代码将在固定循环执行定位时被同时执行，M 指令执行完毕的信号在 Z 轴返回 R 点或初始点后被发出。使用 K 参数指令重复执行固定循环时，同一程序段中的 M 代码在首次执行固定循环时被执行。

（7）在固定循环模态下，刀具偏置指令 G45～G48 将被忽略（不执行）。

（8）单程序段开关置上位时，固定循环执行完 X、Y 轴定位、快速进给到 R 点及从孔底返回（到 R 点或到初始点）后，都会停止。也就是说需要按循环启动按钮三次才能完成一个孔的加工。在三次停止中，前面的两次是处于进给保持状态，后面的一次是处于停止状态。

思考与练习

1. 简述程序结构。

2. 使用孔加工循环有哪些注意事项？

• **完成任务**（任务学习完成后填写任务考核评价表）

任务评价表

课程_____ 日期_____ 组别_____ 组员_____

项目内容				
掌握情况	程序代码标准有哪些	简述程序结构	孔加工循环注意事项	熟悉准备功能代码和辅助功能代码
分析原因及对策				

填表人		检测人		审核人	

项目四　单项工加工实训

● 项目引言

数控铣床的强大的插补功能可使机床的刀具路径为各种复杂的曲线。而刀具的半径补偿功能是我们编程的时候只需考虑的刀具中心点的路径轨迹,这样大大地减少了计算,提高了编程效率和加工速度。数控加工过程中我们常常要铣削零件的内、外轮廓,编制二维轮廓铣削程序。本项目通过任务的实施,讲述轮廓编程以及刀具补偿使用的注意事项以及技巧。

● 能力目标

(1)能够编写简单二维轮廓铣削程序。

(2)掌握复杂轮廓形状节点计算。

(3)能够采用刀具半径补偿功能对内、外轮廓进行编程和铣削。

任务一　平面凸台的外形加工

 任务描述

在数控铣床上加工图4-1所示凸台零件,材料为45钢。

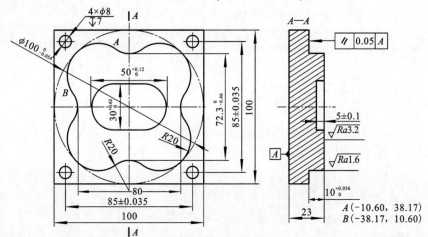

图4-1　凸台零件

一、工艺提示

该零件的毛坯图如图4-2所示。四个直径为 φ8 mm 的孔以及中间槽已加工好,只需要加工外轮廓凸台。凸台的加工需要选择适当的下刀位置。另外,毛坯外轮廓加工余量不均匀,需要设置合理的走刀路线。

二、任务实施

1. 工艺分析

图4-2　凸台毛坯

(1)该毛坯形状比较规整,适合用平口钳装夹。由左视图可知凸台高度为 $10^{+0.036}_{0}$ mm,

因此平口钳内应放置平整垫块,毛坯高度比平口钳口略高于 10 mm。外轮廓连接圆弧全部为 $R20$,应选用不大于 $R20$ 的平底铣刀来加工。这里选用较常用的 $\phi20$ 平底铣刀粗加工外轮廓,预留 0.8 mm 余量,然后精加工至尺寸要求。

（2）由于所选刀具较大,外轮廓尺寸可分两次完成。

（3）制订加工工序,如表 4 - 1 所示。

表 4 - 1　凸台加工工序

工步	工　步　内　容	刀具号	刀具规格	主轴转速 /(r/min)	进给量 /(mm/min)	背吃刀量 /mm	备注
1	粗铣外轮廓预留 0.8 mm 余量	1	$\phi20$	360	150	5	
2	精铣外轮廓至标注尺寸	1	$\phi20$	560	80	10	
编制：		审核：		批准：		日期：	

（4）刀具路径。将凸台轮廓向外偏移 10.8 mm 作为粗加工刀具走刀路径,从外侧下刀,退刀也应退到外侧,如图 4 - 3 所示。然后利用刀具半径补偿功能,铣削至图 4 - 1 所标注尺寸。

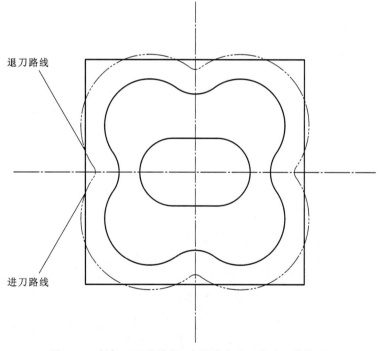

图 4 - 3　粗加工刀具路径(点画线表示刀具中心线位置)

2. 数值计算

由于已知 A、B 两点坐标,以矩形中心为编程原点,可根据对称推算出凸台外轮廓所有节点坐标位置。

3. 程序编制

（1）编程说明。

① 粗、精加工程序都是只按照凸台轮廓编制,粗加工程序的半径补偿值 D1 设置为 10.8;精加工半径补偿值 D2 设置为 10。

② 粗加工将程序运行两遍,第二遍将下刀深度改为"Z－10"即可。

③ 精加工将刀具补偿 D01 改为 D02,下刀深度改为"Z－10"即可。

(2)轮廓程序清单。编写轮廓程序采用沿轮廓走刀,粗加工时偏移一个刀具半径值与粗加工余量之和,精加工时偏移一个半径值;加工程序清单如表 4－2 所示。

表 4－2　凸台加工程序清单

程　序　内　容	说　　　　明
%	
O1200;	程序名
G40 G80 G90 G17 G54;	初始加工环境设定,选择编程坐标系
G0 X－65 Y－30;	在工件一侧下刀
S360 M03;	主轴旋转
Z5;	下刀到安全高度
G01 Z－5 F150;	第一刀切深,切深值可以根据需要改动
G41 G01 X－38.17 Y－10.60 D01;	建立刀具左补偿,补偿值可根据需要设定
G17 G03 X－10.60 Y－38.17 R20;	带到刀具补偿铣削外轮廓
G02 X10.60 R20;	
G03 X38.17 Y－10.60 R20;	
G02 Y10.60 R20;	
G03 X10.60 Y38.17 R20;	
G02 X－10.60 R20;	
G03 X－38.17 Y10.60 R20;	
G02 Y－10.60 R20;	
G01 X－60 Y35;	刀具切出
Z10;	抬刀
G00 Z100;	
M05;	
M30;	程序结束
%	

三、任务知识点总结

这个零件的加工主要是运用了刀具半径补偿功能简化了编程。所谓刀具半径补偿,即在编程过程中,我们按照工件轮廓编程。为了防止过切或者少切,往往需要朝某个方向偏移一个刀具半径值,这就是刀具半径值补偿。当沿着刀具运动方向观察,如果需要刀具左边偏移,这时候就用 G41;反之,就用 G42;取消刀具半径补偿用 G40。需要注意的是,刀具的半径补偿必须在指令定位(G00)或者直线插补(G01)中起刀加入。如果在圆弧插补(G02/G03)中起刀加入半径补偿指令,则会出现 P/S 报警 034。

思考与练习

1. 如何求与已知点相对称的点的坐标?

2. 如何辨别选择使用刀具半径补偿指令?

3. 如何利用刀具半径补偿值设置来调整加工余量?

• **完成任务**(任务学习完成后填写任务考核评价表)

任务评价表

课程_____ 日期_____ 组别_____ 组员_____

项目内容			
掌握情况	半径补偿的应用	对称点坐标的求值	利用半径补偿值调节加工余量
分析原因及对策			
填表人		检测人	审核人

任务二 零件内腔加工

任务描述

在数控铣床上加工图 4-4 所示的带四个方槽的零件,材料为 45 钢,毛坯为 100 mm × 100 mm × 15 mm 的已铣削基准的方料。

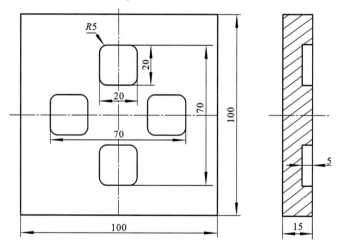

图 4-4 带四型腔的零件

一、工艺提示

该零件上主要结构是四个相同的带 R5 mm 圆角的方槽,方槽的中心在圆心以两中心线交点,半径为 φ50 mm 的圆上。方槽宽度为 20 mm,适合最大 φ10 mm 的立铣刀。槽深度为 5 mm,采用 φ10 mm 刀具深度宜分两次进给。四个槽完全相同,适合用子程序编写。一次采用的加工方案为在编程原点选择工件几何中心;采用 φ10 mm 立铣刀加工以提高效率;采用子程序调用以简化编程。

二、参考程序及说明

加工带方槽的四型腔零件的编程指令如表 4-3 所示。

表 4-3 铣削带方槽的四型腔零件的编程指令

程 序 内 容	说 明
%	主程序开始
O0001;	
G80G40G54;	
M8;	冷却液开
M03S560;	主轴转动
G00X0Y50Z5;	定位到第一个方槽中心
G01Z0F60;	下刀到工件表面
M98P20002;	调用子程序 O0002 两次
G90G00Z10;	子程序运行结束后抬刀
G00X50Y0Z5;	定位下一个方槽中心
G01Z0F60;	下刀
M98P20002;	
G90G00Z10;	
G00X0Y-50Z5;	
G01Z0F60;	
M98P20002;	
G90G00Z10;	
G00X-50Y0Z5;	
G01Z0F60;	
M98P20002;	
G00Z100;	切削完毕,抬刀
M09;	冷却液关
M05;	主轴停
M30;	程序结束
O0002;	子程序名
G91G01Z-2.5F30;	增量方式下刀
X5F60;	增量方式走一个正方形,该正方形为方槽边缘朝内
Y5;	偏移一个刀具半径值
X-10;	
Y-10;	
X10;	
Y5;	
X-5;	回到起始下刀点
G90	取消增量编程
M99;	子程序结束
%	

三、任务知识点总结

这一类零件主要用调用子程序的方法编程。子程序一般是描述一个首尾相连封闭形状的走刀路径,对形状的描述一般用增量编程;封闭型腔槽编程的起点应该在槽内部,程序起始点一般应与终止点重合。主程序一般采用绝对编程。用增量编程的子程序在编程结束的时候一般要取消增量编程,以防止模态的指令影响主程序。

思考与练习

1. 挖槽下刀都有哪些注意事项？
2. 子程序编写必须用增量方式吗？

● **完成任务**(任务学习完成后填写任务考核评价表)

任务评价表

课程_____　　日期_____　　组别_____　　组员_____

项目内容					
基本知识掌握情况	非常熟练	熟练	一般	不会	一点听不懂
编程应用掌握情况	非常熟练	熟练	一般	不会	一点听不懂
分析原因及对策					
填表人		检测人		审核人	

任务三　孔系加工

 **任务描述**

加工图 4-5 所示法兰盘中的所有孔。

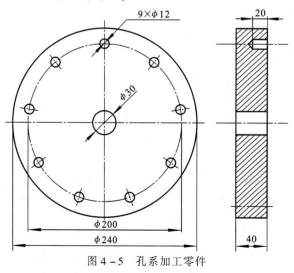

图 4-5　孔系加工零件

一、工艺分析

按照要求,该法兰盘上需要加工的有 $\phi30$ mm 通孔,还有九个 $\phi12$ mm 深 20 mm 的盲孔。所有的孔加工应该先用中心钻点钻 0.5～1 mm 的引导孔,用点钻循环指令 G81。$\phi30$ mm 通孔排屑相对通畅,适合用 $\phi30$ mm 钻头并用 G73 高速排屑钻削循环;盲孔直径相对较小,排屑相对不畅,适合用小孔排屑钻孔循环 G83,采用 $\phi12$ mm 钻头。设置法兰盘中心为编程原点。

二、参考程序及简要说明

表 4-4 所示为参考程序及说明。

表 4-4　程序及说明

程 序 内 容	说 明
%	
O0001;	程序名
G40G80G54G17;	运行环境设置
M08;	冷却液开
T1M6;	换中心钻
M03S1200;	主轴转
G00G90G16X0Y0;	启用极坐标编程
Z100;	设置初始平面
G81X0Y0Z-1R3F80;	快速点引导孔
X100Y10;	
X100Y50;	
X100Y90;	
X100Y130;	
X100Y170;	
X100Y210;	
X100Y250;	
X100Y290;	
X100Y330;	
G80;	取消钻削循环
M05;	主轴停
M00;	计划停止,检查孔位等是否正确
T2M6;	换 $\phi30$ 钻头
M03S360;	主轴转
G00X0Y0;	定位 $\phi30$ 孔中心
G73X0Y0Z-50R3Q5F40;	高速排屑钻孔
M05;	换 $\phi12$ 钻头
G80;	主轴转
T3M6;	定位第一个孔中心
M03S760;	小孔排屑钻削循环
G00X100Y10;	
G83X100Y10R3Q3F60;	
X100Y50;	
X100Y90;	
X100Y130;	
X100Y170;	
X100Y210;	
X100Y250;	
X100Y290;	
X100Y330;	
G80;	钻削结束,取消钻削循环
G15;	取消极坐标编程
M05;	主轴停
M09;	切削液关
G00Z150;	抬刀
M30;	程序结束
%	

三、任务知识点总结

这个零件的加工主要是运用了极坐标编程避免了孔位绝对坐标的计算。极坐标编程和绝对坐标编程在不同使用环境中各有各的优势。灵活使用能够简化计算,提高工作效率。钻削循环指令的选择与使用应参考各个指令功能适用范围,初始平面及安全平面(R平面)的设置应适当,宜在保证刀具运动安全无干涉的情况下尽量贴近工件表面,以减少刀具运行时间。

思考与练习

1. 如何用极坐标方式表示点的位置?
2. 如何根据孔的尺寸参数选择孔加工指令?

● **完成任务**(任务学习完成后填写任务考核评价表)

任务评价表

课程_____   日期_____   组别_____   组员_____

项目内容					
基本知识掌握情况	非常熟练	熟练	一般	不会	一点听不懂
编程应用掌握情况	非常熟练	熟练	一般	不会	一点听不懂
分析原因及对策					
填表人		检测人		审核人	

项目五 综合件加工训练

● 项目引言

本项目主要讲述零件的综合编程加工。零件的综合编程加工主要考虑因素包括合理选择坐标编程方式以减少计算;合理选择刀具安排工艺顺序以减少换刀等准备时间以提高加工效率,合理安排程序结构,利用循环指令等简化编程。

● 能力目标

(1)掌握绝对坐标、增量坐标、极坐标的编程方法。

(2)能运用循环等简化编程。

任务一 综合件加工实例一

任务描述

图 5-1 所示的毛坯为 100 mm × 100 mm × 23 mm,材料为 45 钢。按照图样要求加工外轮廓、钻孔、铣中心圆及弧形槽等。

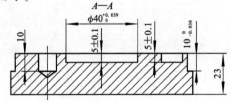

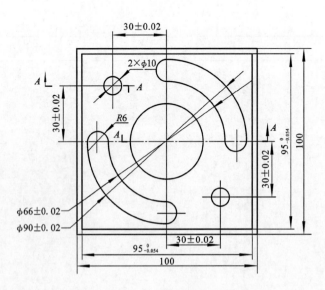

图 5-1 毛坯零件图

一、工艺分析

该零件外形规整,适合用平口钳装夹。圆弧槽的宽度为 12 mm,适宜采用 ϕ12 的铣刀,为减少换刀时间,中心 ϕ40 mm 圆孔以及外轮廓的铣削也应采用该刀具。为减少外轮廓刀具中心偏移尺寸的计算,应当采用刀具半径补偿加工外轮廓,圆弧槽的中心线在 ϕ72 的圆上,且正好跨越 90°,以毛坯上表面中心为编程原点,采用极坐标编程可以减少计算。因此可依照下列步骤操作:

① 采用平口钳装夹工件,用等高垫块垫平,工件露出钳口 11 ~ 12 mm。

② 采用 ϕ10 mm 平底铣刀铣削外轮廓。

③ 采用 ϕ10 mm 平底铣刀铣削 ϕ40 mm 圆孔。

④ 采用 ϕ12 mm 平底铣刀铣削圆弧槽。

⑤ 采用中心钻在 ϕ10 mm 孔位上钻两个 0.5 ~ 1 mm 的引导孔。

⑥ 采用 ϕ10 mm 钻头钻削两个 ϕ10 mm 的盲孔。

二、参考程序及简要说明

程　序　内　容	说　　　明
%	
O0001;	
G90G17G54G40G80G15;	程序环境设置
T1M6;	换 ϕ10 平底铣刀
G43H1	1 号刀长度补偿
M03S800;	主轴转
M08;	冷却开
G00X-60Y-20Z50;	在外轮廓外定位
Z3;	定义安全平面
G01Z-5F40;	下刀
G41G01X-50Y0D1F60;	刀具半径左补偿
Y50,	分两次进给铣削外轮廓
X50;	
Y－50;	
X－50;	
Z-10F40;	
Y50,	
X50;	
Y－50;	
X－50;	
G00Z50;	轮廓铣削结束抬刀
G40;	取消半径补偿
G00X0Y0Z3;	定位 ϕ40 孔中心
G01Z－2.5F40;	分两次下刀进给
X8F60;	铣削圆孔
G02X8Y0I8J0F40;	
G01X15;	
G02X8Y0I8J0F40;	
G01X0Y0F100;	
G01Z－5F40;	
X8F60;	
G02X8Y0I8J0F40;	
G01X15;	
G02X8Y0I8J0F40;	
G01Z3;	

程 序 内 容	说 明
G00Z100;	圆孔铣削结束,抬刀
G00G16X72Y90;	极坐标编程定位圆弧槽一端
Z3;	定义安全平面
G01Z-2.5F40;	下刀
G02X72Y180R72F40;	切削圆弧槽
G01Z3;	
G00X72Y270;	
G01Z-2.5F40;	
G02X72Y360R72F40;	
G01Z3;	
G00X72Y90;	
G01Z-5F40;	
G02X72Y180R72F40;	
G01Z3;	
G00X72Y270;	
G01Z-5F40;	
G02X72Y360R72F40;	
G01Z3;	
G00Z100;	切削圆弧槽结束,抬刀
G15;	取消极坐标编程
M05;	主轴停
T02M6;	换中心钻
G43H2;	中心钻长度补偿
M03S1200;	
G00X30Y30Z5;	定位 φ10 孔中心
G81X30Y30Z-1F60;	打引导孔
X-30Y-30;	
G80;	取消钻削循环
G00Z100;	
M05;	
T3M6;	换 φ10 钻头
G43H3;	
M03S560;	
G00X30Y30Z5;	定位孔中心
G83X30Y30Z-10R3Q3F60;	小孔排屑钻孔
X-30Y-30;	
G80;	取消钻削循环
G00Z100;	抬刀
M09;	冷却关
M05;	主轴停
M30;	程序结束
%	

思考与练习

1. 怎样提高加工效率?
2. 如何确定零件各部分的加工先后顺序?

• **完成任务**(任务学习完成后填写任务考核评价表)

任务评价表

课程_____		日期_____		组别_____		组员_____
项目内容						
基本知识掌握情况	非常熟练	熟练	一般	不会	一点听不懂	
编程应用掌握情况	非常熟练	熟练	一般	不会	一点听不懂	
分析原因及对策						
填表人		检测人		审核人		

任务二 综合件加工实例二

任务描述

图 5－2 所示毛坯尺寸为 100 mm × 100 mm × 62 mm,材料为 45 钢。按图样要求加工切除余量,铣削凹圆球。

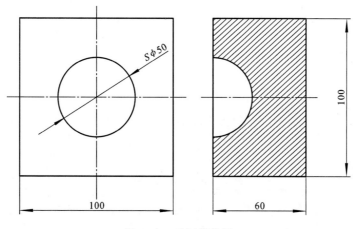

图 5－2 毛坯零件图

一、工艺提示

该零件毛坯外形规整,可采用平口钳装夹。由于毛坯高度还有 2 mm 余量,适合做一个简单宏程序铣削大平面。凹球深度 25 mm,适合分粗加工精加工两步来用宏程序完成。

铣平面程序和凹球粗加工程序分别用 $\phi16$ mm 平底立铣刀和 $\phi16$ mm 球头铣刀来完成加工,精加工凹球内壁选用 $\phi10$ mm 球刀。毛坯上表面中心作为编程原点。

（1）FANUC 系统中的变量：

① 变量的定义。

变量是依照某种变化关系，并能在一定条件下按照一定的规律开始变化且可以在一定条件下结束变化的数值。

② 变量的表示方法。

变量是用变量符号"#"加上变量号来表示的，如#1，#30 等。表达式也可以用作变量号，但表达式必须放置在中括号[ ]中，如#[#1 + #2-2]。

③ b 变量的类型。

编写宏程序常用的变量类型称为局部变量，为#1 ~ #33；局部变量只能在宏程序中作存储数据，断电不存储，调用宏程序时自变量对局部变量赋值。

④ 变量的引用。

在地址符后指定变量号即可引用变量值。当#1 = 10 时，X#1 与 X10 具体数值是相同的。当用表达式表示变量号时，表达式应放在中括号内。如 X[#24 + 1]；若改变变量值的符号，需要把符号"-"放在变量号前，如 X - #24。

（2）变量的算数和逻辑运算：

常规数值的算术计算和逻辑运算在变量中也是适用的。常量和变量，变量和变量，函数（如正弦 SIN）与常量，函数与变量以及表达式之间都可以进行运算。常用的运算的格式如表 5 - 1 所示。

表 5 - 1

功　　能	格　　式	备　　注
定义	#i = #j	
加法	#i = #j + #k;	
减法	#i = #j - #k;	
乘法	#i = #j * #k;	
除法	#i = #j/#k;	
正弦	#i = SIN[#j];	
反正弦	#i = ASIN[#j];	
余弦	#i = COS[#j];	角度以度指定。90°30′表示
反余弦	#i = ACOS[#j];	为 90.5°
正切	#i = TAN[#j];	
反正切	#i = ATAN[#j];	

变量运算的优先级别是先函数，再乘除，最后加减。若表达式中有括号，除遵循上述原则外，还要从内层括号向外计算。这与常数混合运算的规律一致。

（3）宏程序语句的转移和循环：

① 运算符。

运算符由两个字母组成，一般采用表示该运算含义的英语单词首尾字母的组合或表示该运算含义的英语词组首字母的组合，如表示"大于"的英语单词是 Great，"大于"的运算符就是"GT"，"不等于"的英语词组是 No Equal，"不等于"的运算符就是 NE。具体运算符含义见表 5 - 2。

表5-2 运算符含义

运 算 符	含 义	运 算 符	含 义
EQ	等于(=)	GE	大于或等于
NE	不等于(≠)	LT	小于(<)
GT	大于(>)	LE	小于或等于(≤)

② 无条件转移。

无条件转移语句是 GOTO n;"n"是策划年供需段号,在宏程序转移和循环语句中,可以用常数表示,也可以用变量表示。如:GOTO 10,GOTO #3 等。

③ 条件转移。

常用的条件转移的格式:IF[条件表达式]GOTO n,当条件满足时,程序跳转到程序段号为 n 的程序行,当条件不满足时,执行下一行程序。

④ 循环语句。

循环语句即 WHILE 语句,其结构格式及用法如下:

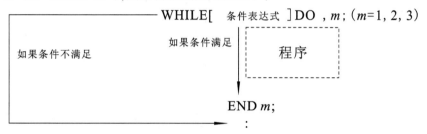

循环语句 DO 后面只可以跟 1、2、3。因此循环语句最多只能用三重嵌套。

二、参考程序及简要说明

(1)铣削平面余量。采用 $\phi16$ 平底立铣刀来加工,编程指令如表5-3所示。

表5-3 铣削平面余量的编程指令

程 序 内 容	说 明
%	
O00001;	设置加工环境
G90G80G40G17GG49G54;	换 $\phi16$ 平底立铣刀
T1M6;	
M03S780;	轮廓外定位
G00X-60Y-36Z5;	
#1 = 0;	进入铣削循环
WHILE[#1LT100]DO 1	
G91G01Y#1F100;	
G90G01X-60;	
G91G01Y#1F100;	
G90G01X60F80;	铣削行距为 14 mm
#1 = #1 + 14;	
END 1	循环结束
G00Z50;	抬刀
M30;	程序结束
%	

(2)粗铣凹球型腔,用 $\phi16$ mm 球头铣刀采用分层铣削的方式来加工,编程指令如

表 5 - 4 所示。

表 5 - 4 粗铣凹球型腔的编程指令

程　　序　　内　　容	说　　　明
% O0001； G90G80G40G17GG49G54； T1M6； M03S800； G00X0Y0Z3； #1＝0； WHILE［#1LE-25］DO1 G01Z#1F40； #2＝6； WHILE［#2GE17］DO 2 #2＝#2＋1； G01X#2F60； G02X#2Y0I#2J0 END 2 G01X0Y0F100； #1＝#1-1 END 1 G00Z100； M05； M08； M30； %	设置加工环境 换 ϕ16 球头铣刀 球心定位 Z 向初始值 进入铣削循环 Z 向进刀 层铣削初始半径为 6 mm 进入层切削循环嵌套 层铣削半径每循环增加 1 mm 进刀到圆弧起点 铣削整圆 层铣削结束 返回下一层的中心点 Z 向进刀每循环增加 1 mm 循环结束 抬刀 程序结束

　（3）精铣凹球型腔,采用采用 ϕ10 球头铣刀来加工,采用分层沿着曲面轮廓走刀的方式,编程指令如表 5 - 5 所示。

表 5 - 5 精铣凹球型腔的编程指令

程　　序　　内　　容	说　　　明
% O0001； G90G80G40G17GG49G54； T1M6； M03S800； G00X0Y0Z3； #1＝0； WHILE［#1LE-25］DO1 G01Z#1F40； #2＝20； WHILE［#2GE0］DO 2 #2＝#2-0.5； G01X#2Z#1F60； G02X#2Y0I#2J0 END 2 #1＝#1-0.1 END 1 G00Z100； M05； M08； M30； %	设置加工环境 定位球心 Z 向初始值为 0 当刀尖位置在 Z - 25 时结束循环 定义层切削圆的半径 进入层切削循环 每层半径减少 0.5 mm 到达层切削起点 沿轮廓走圆 层切削循环结束 Z 向下刀增量为 - 0.1 mm 抬刀 程序结束

思考与练习

1. 简述宏程序语句的转移和循环。
2. 用宏程序加工工件如何保证精度？

● **完成任务**（任务学习完成后填写任务考核评价表）

任务评价表

课程_____　　　　日期_____　　　　组别_____　　　　组员_____

项目内容					
基本知识掌握情况	非常熟练	熟练	一般	不会	一点听不懂
编程应用掌握情况	非常熟练	熟练	一般	不会	一点听不懂
分析原因及对策					
填表人		检测人		审核人	

项目六 企业加工实例——连杆件加工

实例1 钻镗小头孔、小头孔两侧倒角

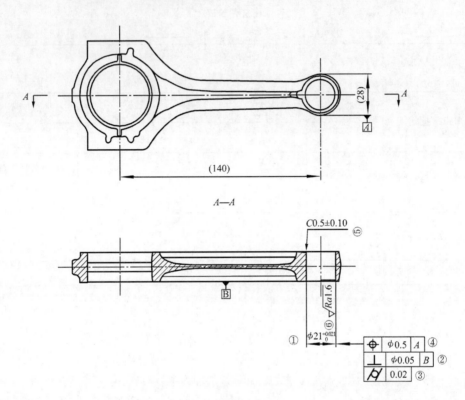

品 质 管 理

序号	管理项目	规格	首件检查		周期检查				测定工具
			判定人	手段	测定人	手段	频次	特性	
①	小头孔直径	$\phi21^{+0.021}_{0}$	QC	△	操作者	△	100%		内径垂直气测检具
②	小头孔对端面垂直度	$\phi0.05$	QC	△					
③	小头孔圆柱度	≤0.02	QC	△					
④	小头孔位置度	$\phi0.5$	QC	△	操作者	△	100%		同轴度检具
⑤	小头孔倒角深度	$\phi0.5\pm0.1$（×2）	QC	△	操作者	△	100%		倒角深度规
⑥	小头孔粗糙度	≤$Ra1.6$ μm	QC	△					粗糙度仪

实例 2　铣小头斜面、倒角

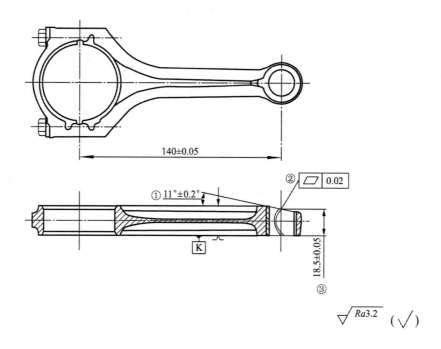

品　质　管　理

序号	管理项目	规格	首件检查		周期检查				
			判定人	手段	测定人	手段	频次	特性	测定工具
①	斜面与端面夹角	11° ±0.2°	QC	△	操作者	△		100%	带表落差检具
②	小端斜面平面度	0.02	QC	△	操作者		100%		
③	小端(小孔)中心厚度	18.5 ±0.05	QC	△	操作者		100%		

项目七　中级工考核例题讲解

● 项目引言

本项目主要讲述数控职业技能鉴定中级工水平层次的考核,其主要内容包括外轮廓的铣削、挖槽、钻孔等。

● 能力目标

(1)能运用中级铣工技能要求进行编写程序。

(2)能对数控铣工中级水平工件进行工艺编制。

任务一　中级工实操模拟试题一

 任务描述

加工图 7-1 所示零件,毛坯规格 100 mm×100 mm×23 mm,材料为 45 钢。

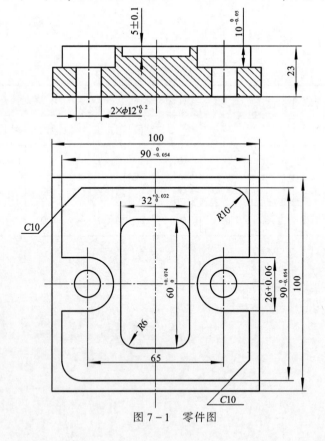

图 7-1　零件图

工艺提示

该零件主要考核钻孔、挖槽,铣削外轮廓等工艺。适合采用平口钳装夹,外轮廓及内槽采用不大于 φ20 mm 铣刀铣削,钻孔可先采用 G81 打引导孔,然后再采用 G83 打通孔。

- **完成任务**(任务学习完成后填写任务考核评价表)

任务评价表

课程_____	日期_____		组别_____	组员_____
任务内容				
基本知识掌握情况	非常熟练	熟练	一般	不会	一点听不懂
编程应用掌握情况	非常熟练	熟练	一般	不会	一点听不懂
分析原因及对策				
填表人		检测人		审核人	

任务二 中级工实操模拟试题二

任务描述

加工图 7-2 所示零件,毛坯规格 100 mm × 100 mm × 23 mm,材料为 45 钢。

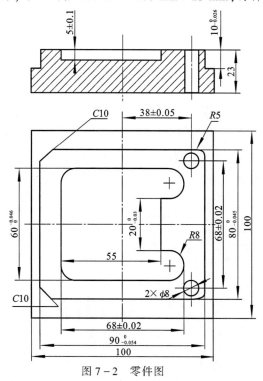

图 7-2 零件图

工艺提示

该零件主要考核钻孔、挖槽,铣削外轮廓。适合采用平口钳装夹,外轮廓及内槽采用不大于φ20铣刀铣削,钻孔可先采用 G81 打引导孔,然后再采用 G83 打通孔。

● **完成任务**(任务学习完成后填写任务考核评价表)

任务评价表

课程_____　　日期_____　　组别_____　　组员_____

任务内容					
基本知识掌握情况	非常熟练	熟练	一般	不会	一点听不懂
编程应用掌握情况	非常熟练	熟练	一般	不会	一点听不懂
分析原因及对策					
填表人		检测人		审核人	

任务三　中级工实操模拟试题三

任务描述

加工图 7－3 所示零件,毛坯规格 100 mm × 100 mm × 23 mm,材料为 45 钢。

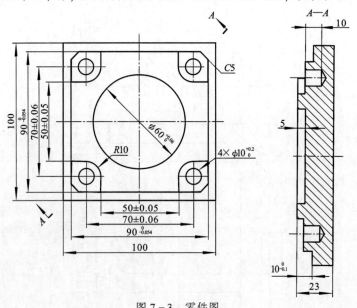

图 7－3　零件图

工艺提示

该零件主要考核钻孔、挖槽,铣削外轮廓等工艺。适合采用平口钳装夹,外轮廓及内槽

采用不大于 φ20 mm 铣刀铣削,钻孔可采用先 G81 打引导孔,然后再采用 G83 打通孔。

- **完成任务**(任务学习完成后填写任务考核评价表)

任务评价表

课程 _____		日期 _____		组别 _____		组员 _____
任务内容						
基本知识掌握情况	非常熟练	熟练	一般	不会	一点听不懂	
编程应用掌握情况	非常熟练	熟练	一般	不会	一点听不懂	
分析原因及对策						
填表人		检测人			审核人	

任务四 中级工实操模拟试题四

**任务描述**

加工图 7-4 所示零件,毛坯规格 100 mm×100 mm×23 mm,材料为 45 钢。

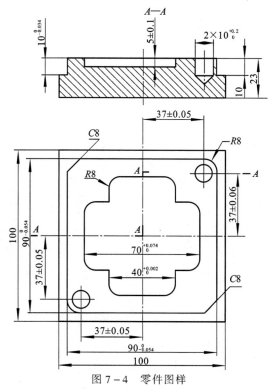

图 7-4 零件图样

工艺提示

该零件主要考核钻孔、挖槽,铣削外轮廓。适合采用平口钳装夹,外轮廓及内槽采用不大于 φ20 铣刀铣削,钻孔可先采用 G81 打引导孔,然后再采用 G83 打通孔。

● **完成任务**(任务学习完成后填写任务考核评价表)

任务评价表

课程_____	日期_____		组别_____		组员_____
任务内容					
基本知识掌握情况	非常熟练	熟练	一般	不会	一点听不懂
编程应用掌握情况	非常熟练	熟练	一般	不会	一点听不懂
分析原因及对策					
填表人		检测人		审核人	

任务五　中级工实操模拟试题五

任务描述

加工图 7-5 所示零件,毛坯规格 100 mm × 100 mm × 23 mm,材料为 45 钢。

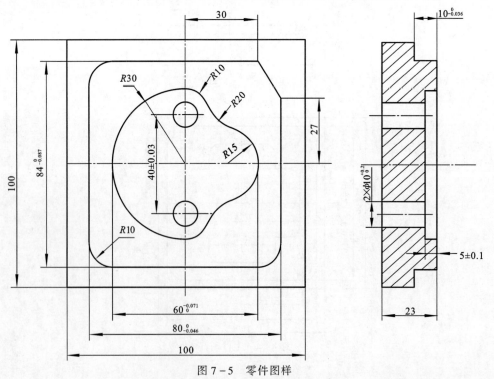

图 7-5　零件图样

工艺提示

该零件主要考核钻孔、挖槽,铣削外轮廓等工艺。适合采用平口钳装夹,外轮廓及内槽采用不大于 φ20 铣刀铣削,钻孔可采用先 G81 打引导孔,然后再采用 G83 打通孔。

● **完成任务**(任务学习完成后填写任务考核评价表)

任务评价表

课程_____ 日期_____ 组别_____ 组员_____

任务内容					
基本知识掌握情况	非常熟练	熟练	一般	不会	一点听不懂
编程应用掌握情况	非常熟练	熟练	一般	不会	一点听不懂
分析原因及对策					
填表人		检测人		审核人	

任务六 中级工实操模拟试题六

📖 **任务描述**

加工图 7-6 零件,毛坯规格 100 mm×100 mm×23 mm,材料为 45 钢。

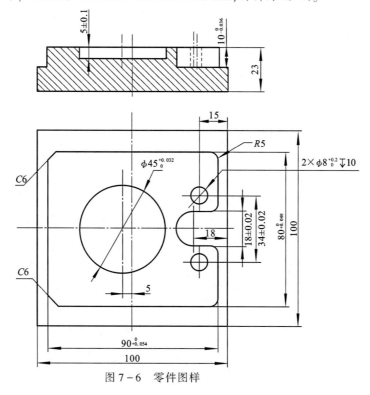

图 7-6 零件图样

工艺提示

该零件主要考核钻孔、挖槽,铣削外轮廓等工艺。适合采用平口钳装夹,外轮廓及内槽采用不大于 $\phi20$ mm 铣刀铣削,钻孔可先采用 G81 打引导孔,然后再采用 G83 打通孔。

• **完成任务**(任务学习完成后填写任务考核评价表)

任务评价表

课程_____   日期_____   组别_____   组员_____

任务内容					
基本知识掌握情况	非常熟练	熟练	一般	不会	一点听不懂
编程应用掌握情况	非常熟练	熟练	一般	不会	一点听不懂
分析原因及对策					
填表人		检测人		审核人	

项目八 高级工考核例题讲解

● 项目引言

本项目主要讲述数控铣工高级工水平的实操考核。主要内容包括能够编制较复杂的二维轮铣削程序,二次曲面的铣削程序等。

● 能力目标

(1)学有余力的同学可适当掌握复杂二维零件的编程。

(2)掌握简单三维曲面的手工编程。

任务一 数控铣工高级工模拟题一

任务描述

加工图8-1所示零件图样。

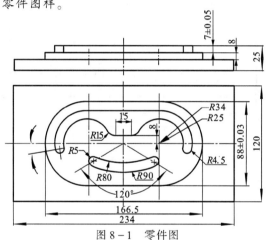

图8-1 零件图

工艺提示

该零件主要是复杂二维轮廓铣削,采用合适刀具能提高加工速率,使用简单宏程序编程能使程序结构简化。

● 完成任务(任务学习完成后填写任务考核评价表)

任务评价表

课程_____   日期_____   组别_____   组员_____

任务内容					
基本知识掌握情况	非常熟练	熟练	一般	不会	一点听不懂
编程应用掌握情况	非常熟练	熟练	一般	不会	一点听不懂
分析原因及对策					
填表人		检测人		审核人	

任务二　数控铣工高级工模拟题二

 **任务描述**

加工图 8 - 2 所示零件。

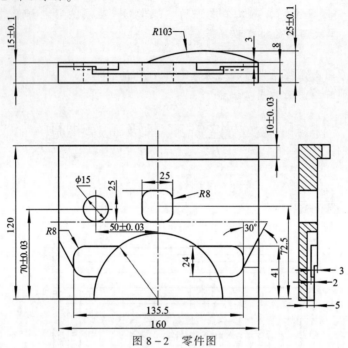

图 8 - 2　零件图

工艺提示

该零件主要是复杂二维轮廓铣削,采用合适刀具能提高加工速率,使用简单宏程序编程能使程序结构简化。

● **完成任务**(任务学习完成后填写任务考核评价表)

任务评价表

课程_____　　　　　日期_____　　　　　组别_____　　　　　组员_____

任务内容					
基本知识掌握情况	非常熟练	熟练	一般	不会	一点听不懂
编程应用掌握情况	非常熟练	熟练	一般	不会	一点听不懂
分析原因及对策					
填表人		检测人		审核人	

任务三 数控铣工高级工模拟题三

任务描述

加工图 8-3 所示零件。

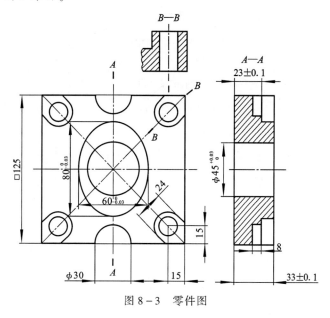

图 8-3 零件图

工艺提示

该零件主要是复杂二维轮廓铣削,采用合适刀具能提高加工速率,使用简单宏程序编程能使程序结构简化。

• **完成任务**(任务学习完成后填写任务考核评价表)

任务评价表

课程_____ 日期_____ 组别_____ 组员_____

任务内容					
基本知识掌握情况	非常熟练	熟练	一般	不会	一点听不懂
编程应用掌握情况	非常熟练	熟练	一般	不会	一点听不懂
分析原因及对策					
填表人		检测人		审核人	

任务四 数控铣工高级工模拟题四

加工图 8-4 所示零件。

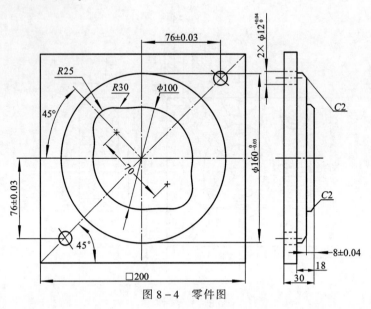

图 8-4 零件图

工艺提示

该零件主要是复杂二维轮廓铣削,采用合适刀具能提高加工速率,使用简单宏程序编程能使程序结构简化。

● **完成任务**(任务学习完成后填写任务考核评价表)

任务评价表

课程_____ 日期_____ 组别_____ 组员_____

任务内容					
基本知识掌握情况	非常熟练	熟练	一般	不会	一点听不懂
编程应用掌握情况	非常熟练	熟练	一般	不会	一点听不懂
分析原因及对策					
填表人		检测人		审核人	

任务五　数控铣工高级工模拟题五

 **任务描述**

加工图 8-5 所示零件。

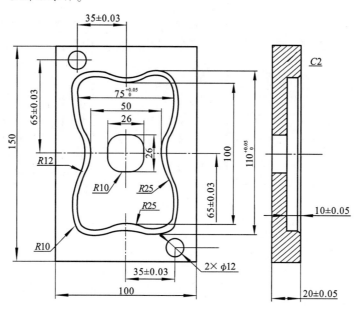

图 8-5　零件图

工艺提示

该零件主要是复杂二维轮廓铣削,采用合适刀具能提高加工速率,使用简单宏程序编程能使程序结构简化。

• **完成任务**(任务学习完成后填写任务考核评价表)

任务评价表

课程_____　　　日期_____　　　组别_____　　　组员_____

任务内容					
基本知识掌握情况	非常熟练	熟练	一般	不会	一点听不懂
编程应用掌握情况	非常熟练	熟练	一般	不会	一点听不懂
分析原因及对策					
填表人		检测人		审核人	

任务六 数控铣工高级工模拟题六

加工图 8-6 所示零件。

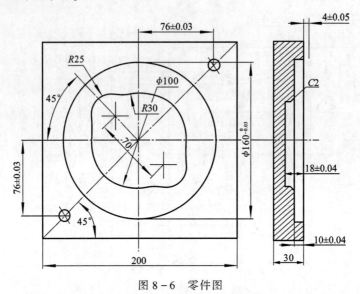

图 8-6 零件图

工艺提示

该零件主要是复杂二维轮廓铣削,采用合适刀具能提高加工速率,使用简单宏程序编程能使程序结构简化。

● **完成任务**(任务学习完成后填写任务考核评价表)

任务评价表

课程_____ 日期_____ 组别_____ 组员_____

任务内容					
基本知识掌握情况	非常熟练	熟练	一般	不会	一点听不懂
编程应用掌握情况	非常熟练	熟练	一般	不会	一点听不懂
分析原因及对策					
填表人		检测人		审核人	

附　　录

附录 A　FANUC Oi 系统指令表

1. G 准备功能指令一览表

代码	分组	意　　义	格　　式
G00		快速进给、定位	G00 X－－ Y－－ Z－－
G01		直线插补	G01 X－－ Y－－ Z－－
G02	01	圆弧插补 CW（顺时针）	XY 平面内的圆弧： $G17 \begin{Bmatrix} G02 \\ G03 \end{Bmatrix} X ----- Y ----- \begin{Bmatrix} R ----- \\ I ----- J ----- \end{Bmatrix}$ ZX 平面的圆弧： $G18 \begin{Bmatrix} G02 \\ G03 \end{Bmatrix} X ----- Y ----- \begin{Bmatrix} R ----- \\ I ----- K ----- \end{Bmatrix}$ YZ 平面的圆弧： $G19 \begin{Bmatrix} G02 \\ G03 \end{Bmatrix} X ----- Y ----- \begin{Bmatrix} R ----- \\ I ----- K ----- \end{Bmatrix}$
G03		圆弧插补 CCW（逆时针）	
G04	00	暂停	G04［P|X］单位秒，增量状态单位毫秒，无参数状态表示停止
G15	17	取消极坐标指令	G15 取消极坐标方式
G16		极坐标指令	GXX GYY G16 开始极坐标指令 G00 IP_ 极坐标指令 GXX:极坐标指令的平面选择(G17,G18,G19) GYY:G90 指定工件坐标系的零点为极坐标的原点 　　　G91 指定当前位置作为极坐标的原点 IP:指定极坐标系选择平面的轴地址及其值 　　第 1 轴:极坐标半径 　　第 2 轴:极角
G17	02	XY 平面	G17 选择 XY 平面； G18 选择 XZ 平面； G19 选择 YZ 平面
G18		ZX 平面	
G19		YZ 平面	
G20	06	英制输入	
G21		公制输入	

代码	分组	意　义	格　式
G28	00	回归参考点	G28 X -- Y -- Z --
G29		由参考点回归	G29 X -- Y -- Z --
G40	07	刀具半径补偿取消	G40
G41		左半径补偿	$\left\{\begin{matrix} G41 \\ G42 \end{matrix}\right\}$ Dnn
G42		右半径补偿	
G43	08	刀具长度补偿 +	$\left\{\begin{matrix} G41 \\ G42 \end{matrix}\right\}$ Dnn
G44		刀具长度补偿 -	
G49		刀具长度补偿取消	G49
G50	11	取消缩放	G50 缩放取消
G51		比例缩放	G51 X_Y_Z_P_:缩放开始 X_Y_Z_:比例缩放中心坐标的绝对值指令 P_:缩放比例 G51 X_Y_Z_I_J_K_:缩放开始 X_Y_Z_:比例缩放中心坐标值的绝对值指令 I_J_K_:X,Y,Z 各轴对应的缩放比例
G52	00	设定局部坐标系	G52 IP_:设定局部坐标系 G52 IP0:取消局部坐标系 IP:局部坐标系原点
G53		机械坐标系选择	G53 X -- Y -- Z --
G54	14	选择工作坐标系 1	GXX
G55		选择工作坐标系 2	
G56		选择工作坐标系 3	
G57		选择工作坐标系 4	
G58		选择工作坐标系 5	
G59		选择工作坐标系 6	
G68	16	坐标系旋转	(G17/G18/G19) G68 a_ b_R_:坐标系开始旋转 G17/G18/G19:平面选择,在其上包含旋转的形状 a_ b_:与指令坐标平面相应的 X,Y,Z 中的两个轴的绝对指令,在 G68 后面指定旋转中心 R_:角度位移,正值表示逆时针旋转。根据指令的 G代码(G90 或 G91)确定绝对值或增量值 最小输入增量单位:0.001deg 有效数据范围: - 360.000 到 360.000
G69		取消坐标轴旋转	G69:坐标轴旋转取消指令
G73	09	深孔钻削固定循环	G73 X -- Y -- Z -- R -- Q -- F --
G76		左螺纹攻螺纹固定循环	G74 X -- Y -- Z -- R -- P -- F --
G74		精镗固定循环	G76 X -- Y -- Z -- R -- Q -- F --

代码	分组	意　义	格　式
G90	03	绝对方式指定	GXX
G91		相对方式指定	
G92	00	工作坐标系的变更	G92 X-- Y-- Z--
G98	10	返回固定循环初始点	GXX
G99		返回固定循环 R 点	
G80	09	固定循环取消	
G81		钻削固定循环、钻中心孔	G81 X-- Y-- Z-- R-- F--
G82		钻削固定循环、锪孔	G82 X-- Y-- Z-- R-- P-- F--
G83		深孔钻削固定循环	G83 X-- Y-- Z-- R-- Q-- F--
G84		攻螺纹固定循环	G84 X-- Y-- Z-- R-- F--
G85		镗削固定循环	G85 X-- Y-- Z-- R-- F--
G86		退刀形镗削固定循环	G86 X-- Y-- Z-- R-- P-- F--
G88		镗削固定循环	G88 X-- Y-- Z-- R-- P-- F--
G89		镗削固定循环	G89 X-- Y-- Z-- R-- P-- F--

2. M 准备功能指令一览表

代码	意　义	格　式
M00	停止程序运行	
M01	选择性停止	
M02	结束程序运行	
M03	主轴正向转动开始	
M04	主轴反向转动开始	
M05	主轴停止转动	
M06	换刀指令	M06 T--
M08	冷却液开启	
M09	冷却液关闭	
M30	结束程序运行且返回程序开头	
M98	子程序调用	M98 Pxxnnnn 调用程序号为 Onnnn 的程序 xx 次
M99	子程序结束	子程序格式： Onnnn … … … M99

附录 B 国家职业标准(节选)

数控铣工国家职业标准
(节选)

1. 职业概况

1.1 职业名称

数控铣工。

1.2 职业定义

从事编制数控加工程序并操作数控铣床进行零件铣削加工的人员。

1.3 职业等级

本职业共设四个等级,分别为:中级(国家职业资格四级)、高级(国家职业资格三级)、技师(国家职业资格二级)、高级技师(国家职业资格一级)。

1.4 职业环境

室内、常温。

1.5 职业能力特征

具有较强的计算能力和空间感,形体知觉及色觉正常,手指、手臂灵活,动作协调。

1.6 基本文化程度

高中毕业(或同等学历)。

1.7 培训要求

1.7.1 培训期限

全日制职业学校教育,根据其培养目标和教学计划确定。晋级培训期限:中级不少于400标准学时;高级不少于300标准学时。

1.7.2 培训教师

培训中、高级人员的教师应取得本职业技师及以上职业资格证书或相关专业中级及以上专业技术职称任职资格。

1.7.3 培训场地设备

满足教学要求的标准教室、计算机机房及配套的软件、数控铣床及必要的刀具、夹具、量具和辅助设备等。

1.8 鉴定要求

1.8.1 适用对象

从事或准备从事本职业的人员。

1.8.2 申报条件

——中级:(具备以下条件之一者)

(1)经本职业中级正规培训达规定标准学时数,并取得结业证书。

(2)连续从事本职业工作5年以上。

(3)取得经劳动保障行政部门审核认定的,以中级技能为培养目标的中等以上职业学校本职业(或相关专业)毕业证书。

(4)取得相关职业中级《职业资格证书》后,连续从事本职业2年以上。

——高级:(具备以下条件之一者)

（1）取得本职业中级职业资格证书后，连续从事本职业工作2年以上，经本职业高级正规培训，达到规定标准学时数，并取得结业证书。

（2）取得本职业中级职业资格证书后，连续从事本职业工作4年以上。

（3）取得劳动保障行政部门审核认定的，以高级技能为培养目标的职业学校本职业（或相关专业）毕业证书。

（4）大专以上本专业或相关专业毕业生，经本职业高级正规培训，达到规定标准学时数，并取得结业证书。

1.8.3 鉴定方式

分为理论知识考试和技能操作考核。理论知识考试采用闭卷方式，技能操作（含软件应用）考核采用现场实际操作和计算机软件操作方式。理论知识考试和技能操作（含软件应用）考核均实行百分制，成绩皆达60分及以上者为合格。技师和高级技师还需进行综合评审。

1.8.4 考评人员与考生配比

理论知识考试考评人员与考生配比为1:15，每个标准教室不少于2名相应级别的考评员；技能操作（含软件应用）考核考评员与考生配比为1:2，且不少于3名相应级别的考评员；综合评审委员不少于5人。

1.8.5 鉴定时间

理论知识考试为120分钟，技能操作考核中实操时间为：中级、高级不少于240分钟。

1.8.6 鉴定场所设备

理论知识考试在标准教室里进行，软件应用考试在计算机机房进行，技能操作考核在配备必要的数控铣床及必要的刀具、夹具、量具和辅助设备的场所进行。

2. 基本要求

2.1 职业道德

2.1.1 职业道德基本知识

2.1.2 职业守则

（1）遵守国家法律、法规和有关规定。

（2）具有高度的责任心、爱岗敬业、团结合作。

（3）严格执行相关标准、工作程序并规范、工艺文件和安全操作规程。

（4）学习新知识新技能、勇于开拓和创新。

（5）爱护设备、系统及工具、夹具、量具。

（6）着装整洁，符合规定；保持工作环境清洁有序，文明生产。

2.2 基础知识

2.2.1 基础理论知识

（1）机械制图。

（2）工程材料及金属热处理知识。

（3）机电控制知识。

（4）计算机基础知识。

（5）专业英语基础。

2.2.2 机械加工基础知识

（1）机械原理。

（2）常用设备知识（分类、用途、基本结构及维护保养方法）。

（3）常用金属切削刀具知识。

（4）典型零件加工工艺。

（5）设备润滑和冷却液的使用方法。

（6）工具、夹具、量具的使用与维护知识。

（7）铣工、镗工基本操作知识。

2.2.3 安全文明生产与环境保护知识

（1）安全操作与劳动保护知识。

（2）文明生产知识。

（3）环境保护知识。

2.2.4 质量管理知识

（1）企业的质量方针。

（2）岗位质量要求。

（3）岗位质量保证措施与责任。

2.2.5 相关法律、法规知识

（1）劳动法的相关知识。

（2）环境保护法的相关知识。

（3）知识产权保护法的相关知识。

3. 工作要求

本标准对中级、高级的技能要求依次递进,高级别涵盖低级别的要求。

3.1 中级

职业功能	工作内容	技能要求	相关知识
一、加工准备	（一）读图与绘图	1. 能读懂中等复杂程度(如:凸轮、壳体、板状、支架)的零件图; 2. 能绘制有沟槽、台阶、斜面、曲面的简单零件图; 3. 能读懂分度头尾架、弹簧夹头套筒、可转位铣刀结构等简单机构装配图	1. 复杂零件的表达方法; 2. 简单零件图的画法; 3. 零件三视图、局部视图和剖视图的画法
	（二）制定加工工艺	1. 能读懂复杂零件的铣削加工工艺文件; 2. 能编制由直线、圆弧等构成的二维轮廓零件的铣削加工工艺文件	1. 数控加工工艺知识; 2. 数控加工工艺文件的制订方法
	（三）零件定位与装夹	1. 能使用铣削加工常用夹具(如压板、台虎钳、平口钳等)装夹零件; 2. 能够选择定位基准,并找正零件	1. 常用夹具的使用方法; 2. 定位与夹紧的原理和方法; 3. 零件找正的方法
	（四）刀具准备	1. 能够根据数控加工工艺文件选择、安装和调整数控铣床常用刀具; 2. 能根据数控铣床特性、零件材料、加工精度、工作效率等选择刀具和刀具几何参数,并确定数控加工需要的切削参数和切削用量; 3. 能够利用数控铣床的功能,借助通用量具或对刀仪测量刀具的半径及长度; 4. 能选择、安装和使用刀柄; 5. 能够刃磨常用刀具	1. 金属切削与刀具磨损知识; 2. 数控铣床常用刀具的种类、结构、材料和特点; 3. 数控铣床、零件材料、加工精度和工作效率对刀具的要求; 4. 刀具长度补偿、半径补偿等刀具参数的设置知识; 5. 刀柄的分类和使用方法; 6. 刀具刃磨的方法

职业功能	工作内容	技能要求	相关知识
二、数控编程	(一)手工编程	1. 能编制由直线、圆弧组成的二维轮廓数控加工程序; 2. 能够运用固定循环、子程序进行零件的加工程序编制	1. 数控编程知识; 2. 直线插补和圆弧插补的原理; 3. 节点的计算方法
	(二)计算机辅助编程	1. 能够使用 CAD/CAM 软件绘制简单零件图; 2. 能够利用 CAD/CAM 软件完成简单平面轮廓的铣削程序	1. CAD/CAM 软件的使用方法; 2. 平面轮廓的绘图与加工代码生成方法
三、数控铣床操作	(一)操作面板	1. 能够按照操作规程启动及停止机床; 2. 能使用操作面板上的常用功能键(如回零、手动、MDI、修调等)	1. 数控铣床操作说明书; 2. 数控铣床操作面板的使用方法
	(二)程序输入与编辑	1. 能够通过各种途径(如 DNC、网络)输入加工程序; 2. 能够通过操作面板输入和编辑加工程序	1. 数控加工程序的输入方法; 2. 数控加工程序的编辑方法
	(三)对刀	1. 能进行对刀并确定相关坐标系; 2. 能设置刀具参数	1. 对刀的方法; 2. 坐标系的知识; 3. 建立刀具参数表或文件的方法
	(四)程序调试与运行	能够进行程序检验、单步执行、空运行并完成零件试切	程序调试的方法
	(五)参数设置	能够通过操作面板输入有关参数	数控系统中相关参数的输入方法
四、零件加工	(一)平面加工	能够运用数控加工程序进行平面、垂直面、斜面、阶梯面等的铣削加工,并达到如下要求: (1)尺寸公差等级达 IT7 级; (2)形位公差等级达 IT8 级; (3)表面粗糙度达 $Ra3.2 \ \mu m$	1. 平面铣削的基本知识; 2. 刀具端刃的切削特点
	(二)轮廓加工	能够运用数控加工程序进行由直线、圆弧组成的平面轮廓铣削加工,并达到如下要求: (1)尺寸公差等级达 IT8 级; (2)形位公差等级达 IT8 级; (3)表面粗糙度达 $Ra3.2 \ \mu m$	1. 平面轮廓铣削的基本知识; 2. 刀具侧刃的切削特点

职业功能	工作内容	技能要求	相关知识
四、零件加工	（三）曲面加工	能够运用数控加工程序进行圆锥面、圆柱面等简单曲面的铣削加工，并达到如下要求： (1)尺寸公差等级达 IT8 级； (2)形位公差等级达 IT8 级； (3)表面粗糙度达 $Ra3.2\ \mu m$	1. 曲面铣削的基本知识； 2. 球头刀具的切削特点
	（四）孔类加工	能够运用数控加工程序进行孔加工，并达到如下要求： (1)尺寸公差等级达 IT7 级； (2)形位公差等级达 IT8 级； (3)表面粗糙度达 $Ra3.2\ \mu m$	麻花钻、扩孔钻、丝锥、镗刀及铰刀的加工方法
	（五）槽类加工	能够运用数控加工程序进行槽、键槽的加工，并达到如下要求： (1)尺寸公差等级达 IT8 级； (2)形位公差等级达 IT8 级； (3)表面粗糙度达 $Ra3.2\ \mu m$	槽、键槽的加工方法；
	（六）精度检验	能够使用常用量具进行零件的精度检验	1. 常用量具的使用方法； 2. 零件精度检验及测量方法
五、维护与故障诊断	（一）机床日常维护	能够根据说明书完成数控铣床的定期及不定期维护保养，包括：机械、电、气、液压、数控系统检查和日常保养等	1. 数控铣床说明书； 2. 数控铣床日常保养方法； 3. 数控铣床操作规程； 4. 数控系统（进口、国产数控系统）说明书
	（二）机床故障诊断	1. 能读懂数控系统的报警信息； 2. 能发现数控铣床的一般故障	1. 数控系统的报警信息； 2. 机床的故障诊断方法
	（三）机床精度检查	能进行机床水平的检查	1. 水平仪的使用方法； 2. 机床垫铁的调整方法

3.2 高级

职业功能	工作内容	技能要求	相关知识
一、加工准备	（一）读图与绘图	1. 能读懂装配图并拆画零件图； 2. 能够测绘零件； 3. 能够读懂数控铣床主轴系统、进给系统的机构装配图	1. 根据装配图拆画零件图的方法； 2. 零件的测绘方法； 3. 数控铣床主轴与进给系统基本构造知识

职业功能	工作内容	技能要求	相关知识
一、加工准备	（二）制订加工工艺	能编制二维、简单三维曲面零件的铣削加工工艺文件	复杂零件数控加工工艺的制订
	（三）零件定位与装夹	1. 能选择和使用组合夹具及专用夹具； 2. 能选择和使用专用夹具装夹异型零件； 3. 能分析并计算夹具的定位误差； 4. 能够设计与自制装夹辅具（如轴套、定位件等）	1. 数控铣床组合夹具和专用夹具的使用、调整方法； 2. 专用夹具的使用方法； 3. 夹具定位误差的分析与计算方法； 4. 装夹辅具的设计与制造方法
	（四）刀具准备	1. 能够选用专用工具（刀具和其他）； 2. 能够根据难加工材料的特点，选择刀具的材料、结构和几何参数	1. 专用刀具的种类、用途、特点和刃磨方法； 2. 切削难加工材料时的刀具材料和几何参数的确定方法
二、数控编程	（一）手工编程	1. 能够编制较复杂的二维轮廓铣削程序； 2. 能够根据加工要求编制二次曲面的铣削程序； 3. 能够运用固定循环、子程序进行零件的加工程序编制； 4. 能够进行变量编程	1. 较复杂二维节点的计算方法； 2. 二次曲面几何体外轮廓节点计算； 3. 固定循环和子程序的编程方法； 4. 变量编程的规则和方法
	（二）计算机辅助编程	1. 能够利用 CAD/CAM 软件进行中等复杂程度的实体造型（含曲面造型）； 2. 能够生成平面轮廓、平面区域、三维曲面、曲面轮廓、曲面区域、曲线的刀具轨迹； 3. 能进行刀具参数的设定； 4. 能进行加工参数的设置； 5. 能确定刀具的切入切出位置与轨迹； 6. 能够编辑刀具轨迹； 7. 能够根据不同的数控系统生成 G 代码	1. 实体造型的方法； 2. 曲面造型的方法； 3. 刀具参数的设置方法； 4. 刀具轨迹生成的方法； 5. 各种材料切削用量的数据； 6. 有关刀具切入切出的方法对加工质量影响的知识； 7. 轨迹编辑的方法； 8. 后置处理程序的设置和使用方法
	（三）数控加工仿真	能利用数控加工仿真软件实施加工过程仿真、加工代码检查与干涉检查	数控加工仿真软件的使用方法
三、数控铣床操作	（一）程序调试与运行	能够在机床中断加工后正确恢复加工	程序的中断与恢复加工的方法
	（二）参数设置	能够依据零件特点设置相关参数进行加工	数控系统参数设置方法

职业功能	工作内容	技能要求	相关知识
四、零件加工	（一）平面铣削	能够编制数控加工程序铣削平面、垂直面、斜面、阶梯面等，达到如下要求： （1）尺寸公差等级达 IT7 级； （2）形位公差等级达 IT8 级； （3）表面粗糙度达 $Ra3.2\ \mu m$	1. 平面铣削精度控制方法； 2. 刀具端刃几何形状的选择方法
	（二）轮廓加工	能够编制数控加工程序铣削较复杂的（如凸轮等）平面轮廓，并达到如下要求： （1）尺寸公差等级达 IT8 级； （2）形位公差等级达 IT8 级； （3）表面粗糙度达 $Ra3.2\ \mu m$	1. 平面轮廓铣削的精度控制方法； 2. 刀具侧刃几何形状的选择方法
	（三）曲面加工	能够编制数控加工程序铣削二次曲面，并达到如下要求： （1）尺寸公差等级达 IT8 级； （2）形位公差等级达 IT8 级； （3）表面粗糙度达 $Ra3.2\ \mu m$	1. 二次曲面的计算方法； 2. 刀具影响曲面加工精度的因素以及控制方法
	（四）孔系加工	能够编制数控加工程序对孔系进行切削加工，并达到如下要求： （1）尺寸公差等级达 IT7 级； （2）形位公差等级达 IT8 级； （3）表面粗糙度达 $Ra3.2\ \mu m$	麻花钻、扩孔钻、丝锥、镗刀及铰刀的加工方法
	（五）深槽加工	能够编制数控加工程序进行深槽、三维槽的加工，并达到如下要求： （1）尺寸公差等级达 IT8 级； （2）形位公差等级达 IT8 级； （3）表面粗糙度达 $Ra3.2\ \mu m$	深槽、三维槽的加工方法
	（六）配合件加工	能够编制数控加工程序进行配合件加工，尺寸配合公差等级达 IT8 级	1. 配合件的加工方法； 2. 尺寸链换算的方法
	（七）精度检验	1. 能够利用数控系统的功能使用百（千）分表测量零件的精度； 2. 能对复杂、异形零件进行精度检验； 3. 能够根据测量结果分析产生误差的原因； 4. 能够通过修正刀具补偿值和修正程序来减少加工误差	1. 复杂、异形零件的精度检验方法； 2. 产生加工误差的主要原因及其消除方法

职业功能	工作内容	技能要求	相关知识
五、维护与故障诊断	（一）日常维护	能完成数控铣床的定期维护	数控铣床定期维护手册
	（二）故障诊断	能排除数控铣床的常见机械故障	机床的常见机械故障诊断方法
	（三）机床精度检验	能协助检验机床的各种出厂精度	机床精度的基本知识

4. 比重表

4.1 理论知识

项　　目		中级（%）	高级（%）	技师（%）	高级技师（%）
基本要求	职业道德	5	5	5	5
	基础知识	20	20	15	15
相关知识	加工准备	15	15	25	—
	数控编程	20	20	10	—
	数控铣床操作	5	5	5	—
	零件加工	30	30	20	15
	数控铣床维护与精度检验	5	5	10	10
	培训与管理	—	—	10	15
	工艺分析与设计	—	—	—	40
合　　计		100	100	100	100

4.2 技能操作

项　　目		中级（%）	高级（%）	技师（%）	高级技师（%）
技能要求	加工准备	10	10	10	—
	数控编程	30	30	30	—
	数控铣床操作	5	5	5	—
	零件加工	50	50	45	45
	数控铣床维护与精度检验	5	5	5	10
	培训与管理	—	—	5	10
	工艺分析与设计	—	—	—	35
合　　计		100	100	100	100

加工中心操作工国家职业标准
（节选）

1. 职业概况

1.1 职业名称

加工中心操作工。

1.2 职业定义

从事编制数控加工程序并操作加工中心机床进行零件多工序组合切削加工的人员。

1.3 职业等级

本职业共设四个等级,分别为:中级(国家职业资格四级)、高级(国家职业资格三级)、技师(国家职业资格二级)、高级技师(国家职业资格一级)。

1.4 职业环境

室内、常温。

1.5 职业能力特征

具有较强的计算能力和空间感,形体知觉及色觉正常,手指、手臂灵活,动作协调。

1.6 基本文化程度

高中毕业(或同等学历)。

1.7 培训要求

1.7.1 培训期限

全日制职业学校教育,根据其培养目标和教学计划确定。晋级培训期限:中级不少于400 标准学时;高级不少于 300 标准学时。

1.7.2 培训教师

培训中、高级人员的教师应取得本职业技师及以上职业资格证书或相关专业中级及以上专业技术职称任职资格。

1.7.3 培训场地设备

满足教学要求的标准教室、计算机机房及配套的软件、数控铣床及必要的刀具、夹具、量具和辅助设备等。

1.8 鉴定要求

1.8.1 适用对象

从事或准备从事本职业的人员。

1.8.2 申报条件

——中级:(具备以下条件之一者)

(1)经本职业中级正规培训达规定标准学时数,并取得结业证书。

(2)连续从事本职业工作 5 年以上。

(3)取得经劳动保障行政部门审核认定的,以中级技能为培养目标的中等以上职业学校本职业(或相关专业)毕业证书。

(4)取得相关职业中级《职业资格证书》后,连续从事本职业 2 年以上。

——高级:(具备以下条件之一者)

(1)取得本职业中级职业资格证书后,连续从事本职业工作 2 年以上,经本职业高级正规培训,达到规定标准学时数,并取得结业证书。

（2）取得本职业中级职业资格证书后，连续从事本职业工作 4 年以上。

（3）取得劳动保障行政部门审核认定的，以高级技能为培养目标的职业学校本职业（或相关专业）毕业证书。

（4）大专以上本专业或相关专业毕业生，经本职业高级正规培训，达到规定标准学时数，并取得结业证书。

1.8.3 鉴定方式

分为理论知识考试和技能操作考核。理论知识考试采用闭卷方式，技能操作（含软件应用）考核采用现场实际操作和计算机软件操作方式。理论知识考试和技能操作（含软件应用）考核均实行百分制，成绩皆达 60 分及以上者为合格。技师和高级技师还需进行综合评审。

1.8.4 考评人员与考生配比

理论知识考试考评人员与考生配比为 1∶15，每个标准教室不少于 2 名相应级别的考评员；技能操作（含软件应用）考核考评员与考生配比为 1∶2，且不少于 3 名相应级别的考评员；综合评审委员不少于 5 人。

1.8.5 鉴定时间

理论知识考试为 120 分钟，技能操作考核中实操时间为：中级、高级不少于 240 分钟。

1.8.6 鉴定场所设备

理论知识考试在标准教室里进行，软件应用考试在计算机机房进行，技能操作考核在配备必要的数控铣床及必要的刀具、夹具、量具和辅助设备的场所进行。

2. 基本要求

2.1 职业道德

2.1.1 职业道德基本知识

2.1.2 职业守则

（1）遵守国家法律、法规和有关规定。

（2）具有高度的责任心、爱岗敬业、团结合作。

（3）严格执行相关标准、工作程序与规范、工艺文件和安全操作规程。

（4）学习新知识新技能、勇于开拓和创新。

（5）爱护设备、系统及工具、夹具、量具。

（6）着装整洁，符合规定；保持工作环境清洁有序，文明生产。

2.2 基础知识

2.2.1 基础理论知识

（1）机械制图。

（2）工程材料及金属热处理知识。

（3）机电控制知识。

（4）计算机基础知识。

（5）专业英语基础。

2.2.2 机械加工基础知识

（1）机械原理。

（2）常用设备知识（分类、用途、基本结构及维护保养方法）。

（3）常用金属切削刀具知识。

（4）典型零件加工工艺。

（5）设备润滑和冷却液的使用方法。

（6）工具、夹具、量具的使用与维护知识。

（7）铣工、镗工基本操作知识。

2.2.3 安全文明生产与环境保护知识

（1）安全操作与劳动保护知识。

（2）文明生产知识。

（3）环境保护知识。

2.2.4 质量管理知识

（1）企业的质量方针。

（2）岗位质量要求。

（3）岗位质量保证措施与责任。

2.2.5 相关法律、法规知识

（1）劳动法的相关知识。

（2）环境保护法的相关知识。

（3）知识产权保护法的相关知识。

3. 工作要求

本标准对中级、高级的技能要求依次递进，高级别涵盖低级别的要求。

3.1 中级

职业功能	工作内容	技能要求	相关知识
一、加工准备	（一）读图与绘图	1. 能读懂中等复杂程度（如：凸轮、箱体、多面体）的零件图； 2. 能绘制有沟槽、台阶、斜面的简单零件图； 3. 能读懂分度头尾架、弹簧夹头套筒、可转位铣刀结构等简单机构装配图	1. 复杂零件的表达方法； 2. 简单零件图的画法； 3. 零件三视图、局部视图和剖视图的画法
	（二）制订加工工艺	1. 能读懂复杂零件的数控加工工艺文件； 2. 能编制直线、圆弧面、孔系等简单零件的数控加工工艺文件	1. 数控加工工艺文件的制订方法； 2. 数控加工工艺知识
	（三）零件定位与装夹	1. 能使用加工中心常用夹具（如压板、台虎钳、平口钳等）装夹零件； 2. 能够选择定位基准，并找正零件	1. 加工中心常用夹具的使用方法； 2. 定位、装夹的原理和方法； 3. 零件找正的方法

职业功能	工作内容	技能要求	相关知识
一、加工准备	（四）刀具准备	1. 能够根据数控加工工艺卡选择、安装和调整加工中心常用刀具； 2. 能根据加工中心特性、零件材料、加工精度和工作效率等选择刀具和刀具几何参数，并确定数控加工需要的切削参数和切削用量； 3. 能够使用刀具预调仪或者在机内测量工具的半径及长度； 4. 能够选择、安装、使用刀柄； 5. 能够刃磨常用刀具	1. 金属切削与刀具磨损知识； 2. 加工中心常用刀具的种类、结构和特点； 3. 加工中心、零件材料、加工精度和工作效率对刀具的要求； 4. 刀具预调仪的使用方法； 5. 刀具长度补偿、半径补偿与刀具参数的设置知识； 6. 刀柄的分类和使用方法； 7. 刀具刃磨的方法
二、数控编程	（一）手工编程	1. 能够编制钻、扩、铰、镗等孔类加工程序； 2. 能够编制平面铣削程序； 3. 能够编制含直线插补、圆弧插补二维轮廓的加工程序	1. 数控编程知识； 2. 直线插补和圆弧插补的原理； 3. 坐标点的计算方法； 4. 刀具补偿的作用和计算方法
	（二）计算机辅助编程	能够利用 CAD/CAM 软件完成简单平面轮廓的铣削程序	1. CAD/CAM 软件的使用方法； 2. 平面轮廓的绘图与加工代码生成方法
三、加工中心操作	（一）操作面板	1. 能够按照操作规程启动及停止机床； 2. 能使用操作面板上的常用功能键（如回零、手动、MDI、修调等）	1. 加工中心操作说明书； 2. 加工中心操作面板的使用方法
	（二）程序输入与编辑	1. 能够通过各种途径（如 DNC、网络）输入加工程序； 2. 能够通过操作面板输入和编辑加工程序	1. 数控加工程序的输入方法； 2. 数控加工程序的编辑方法
	（三）对刀	1. 能进行对刀并确定相关坐标系； 2. 能设置刀具参数	1. 对刀的方法； 2. 坐标系的知识； 3. 建立刀具参数表或文件的方法
	（四）程序调试与运行	1. 能够进行程序检验、单步执行、空运行并完成零件试切； 2. 能够使用交换工作台	1. 程序调试的方法； 2. 工作台交换的方法
	（五）刀具管理	1. 能够使用自动换刀装置； 2. 能够在刀库中设置和选择刀具； 3. 能够通过操作面板输入有关参数	1. 刀库的知识； 2. 刀库的使用方法； 3. 刀具信息的设置方法与刀具选择； 4. 数控系统中加工参数的输入方法

职业功能	工作内容	技能要求	相关知识
四、零件加工	（一）平面加工	能够运用数控加工程序进行平面、垂直面、斜面、阶梯面等铣削加工，并达到如下要求： （1）尺寸公差等级达 IT7 级； （2）形位公差等级达 IT8 级； （3）表面粗糙度达 $Ra3.2\ \mu m$	1. 平面铣削的基本知识； 2. 刀具端刃的切削特点
	（二）型腔加工	1. 能够运用数控加工程序进行直线、圆弧组成的平面轮廓零件铣削加工，并达到如下要求： （1）尺寸公差等级达 IT8 级； （2）形位公差等级达 IT8 级； （3）表面粗糙度达 $Ra3.2\ \mu m$ 2. 能够运用数控加工程序进行复杂零件的型腔加工，并达到如下要求： （1）尺寸公差等级达 IT8 级； （2）形位公差等级达 IT8 级； （3）表面粗糙度达 $Ra3.2\ \mu m$	1. 平面轮廓铣削的基本知识； 2. 刀具侧刃的切削特点
	（三）曲面加工	能够运用数控加工程序铣削圆锥面、圆柱面等简单曲面，并达到如下要求： （1）尺寸公差等级达 IT8 级； （2）形位公差等级达 IT8 级； （3）表面粗糙度达 $Ra3.2\ \mu m$	1. 曲面铣削的基本知识； 2. 球头刀具的切削特点
	（四）孔系加工	能够运用数控加工程序进行孔系加工，并达到如下要求： （1）尺寸公差等级达 IT7 级； （2）形位公差等级达 IT8 级； （3）表面粗糙度达 $Ra3.2\ \mu m$	麻花钻、扩孔钻、丝锥、镗刀及铰刀的加工方法
	（五）槽类加工	能够运用数控加工程序进行槽、键槽的加工，并达到如下要求： （1）尺寸公差等级达 IT8 级； （2）形位公差等级达 IT8 级； （3）表面粗糙度达 $Ra3.2\ \mu m$	槽、键槽的加工方法
	（六）精度检验	能够使用常用量具进行零件的精度检验	1. 常用量具的使用方法； 2. 零件精度检验及测量方法
五、维护与故障诊断	（一）加工中心日常维护	能够根据说明书完成加工中心的定期及不定期维护保养，包括:机械、电气、液压、数控系统检查和日常保养等	1. 加工中心说明书； 2. 加工中心日常保养方法； 3. 加工中心操作规程； 4. 数控系统（进口、国产数控系统）说明书
	（二）加工中心故障诊断	1. 能读懂数控系统的报警信息； 2. 能发现加工中心的一般故障	1. 数控系统的报警信息； 2. 机床的故障诊断方法
	（三）机床精度检查	能进行机床的水平检查	1. 水平仪的使用方法； 2. 机床垫铁的调整方法

3.2 高级

职业功能	工作内容	技能要求	相关知识
一、加工准备	（一）读图与绘图	1. 能够读懂装配图并拆画零件图； 2. 能够测绘零件； 3. 能够读懂加工中心主轴系统、进给系统的机构装配图	1. 根据装配图拆画零件图的方法； 2. 零件的测绘方法； 3. 加工中心主轴与进给系统基本构造知识
	（二）制定加工工艺	能编制箱体类零件的加工中心加工工艺文件	箱体类零件数控加工工艺文件的制订
	（三）零件定位与装夹	1. 能根据零件的装夹要求正确选择和使用组合夹具和专用夹具； 2. 能选择和使用专用夹具装夹异型零件； 3. 能分析并计算加工中心夹具的定位误差； 4. 能够设计与自制装夹辅具（如轴套、定位件等）	1. 加工中心组合夹具和专用夹具的使用、调整方法； 2. 专用夹具的使用方法； 3. 夹具定位误差的分析与计算方法； 4. 装夹辅具的设计与制造方法
	（四）刀具准备	1. 能够选用专用工具； 2. 能够根据难加工材料的特点，选择刀具的材料、结构和几何参数	1. 专用刀具的种类、用途、特点和刃磨方法； 2. 切削难加工材料时的刀具材料和几何参数的确定方法
二、数控编程	（一）手工编程	1. 能够编制较复杂的二维轮廓铣削程序； 2. 能够运用固定循环、子程序进行零件的加工程序编制； 3. 能够运用变量编程	1. 较复杂二维节点的计算方法； 2. 球、锥、台等几何体外轮廓节点计算； 3. 固定循环和子程序的编程方法； 4. 变量编程的规则和方法
	（二）计算机辅助编程	1. 能够利用 CAD/CAM 软件进行中等复杂程度的实体造型(含曲面造型)； 2. 能够生成平面轮廓、平面区域、三维曲面、曲面轮廓、曲面区域、曲线的刀具轨迹； 3. 能进行刀具参数的设定； 4. 能进行加工参数的设置； 5. 能确定刀具的切入切出位置与轨迹； 6. 能够编辑刀具轨迹； 7. 能够根据不同的数控系统生成 G 代码	1. 实体造型的方法； 2. 曲面造型的方法； 3. 刀具参数的设置方法； 4. 刀具轨迹生成的方法； 5. 各种材料切削用量的数据； 6. 有关刀具切入切出的方法对加工质量影响的知识； 7. 轨迹编辑的方法； 8. 后置处理程序的设置和使用方法
	（三）数控加工仿真	能利用数控加工仿真软件实施加工过程仿真、加工代码检查与干涉检查	数控加工仿真软件的使用方法

职业功能	工作内容	技能要求	相关知识
三、加工中心操作	（一）程序调试与运行	能够在机床中断加工后正确恢复加工	加工中心的中断与恢复加工的方法
	（二）在线加工	能够使用在线加工功能,运行大型加工程序	加工中心的在线加工方法
四、零件加工	（一）平面加工	能够编制数控加工程序进行平面、垂直面、斜面、阶梯面等铣削加工,并达到如下要求: (1)尺寸公差等级达 IT7 级; (2)形位公差等级达 IT8 级; (3)表面粗糙度达 $Ra3.2\ \mu m$	平面铣削的加工方法
	（二）型腔加工	能够编制数控加工程序进行模具型腔加工,并达到如下要求: (1)尺寸公差等级达 IT8 级; (2)形位公差等级达 IT8 级; (3)表面粗糙度达 $Ra3.2\ \mu m$	模具型腔的加工方法
	（三）曲面加工	能够使用加工中心进行多轴铣削加工叶轮、叶片,并达到如下要求: (1)尺寸公差等级达 IT8 级; (2)形位公差等级达 IT8 级; (3)表面粗糙度达 $Ra3.2\ \mu m$	叶轮、叶片的加工方法
	（四）孔类加工	1. 能够编制数控加工程序相贯孔加工,并达到如下要求: (1)尺寸公差等级达 IT8 级; (2)形位公差等级达 IT8 级; (3)表面粗糙度达 $Ra3.2\ \mu m$ 2. 能进行调头镗孔,并达到如下要求: (1)尺寸公差等级达 IT7 级; (2)形位公差等级达 IT8 级; (3)表面粗糙度达 $Ra3.2\ \mu m$ 3. 能够编制数控加工程序进行刚性攻螺纹,并达到如下要求: (1)尺寸公差等级达 IT8 级; (2)形位公差等级达 IT8 级; (3)表面粗糙度达 $Ra3.2\ \mu m$	相贯孔加工、调头镗孔、刚性攻螺纹的方法

职业功能	工作内容	技能要求	相关知识
四、零件加工	（五）沟槽加工	1. 能够编制数控加工程序进行深槽、特形沟槽的加工,并达到如下要求: （1）尺寸公差等级达 IT8 级; （2）形位公差等级达 IT8 级; （3）表面粗糙度达 $Ra3.2\ \mu m$ 2. 能够编制数控加工程序进行螺旋槽、柱面凸轮的铣削加工,并达到如下要求: （1）尺寸公差等级达 IT8 级; （2）形位公差等级达 IT8 级; （3）表面粗糙度达 $Ra3.2\ \mu m$	深槽、特形沟槽、螺旋槽、柱面凸轮的加工方法
	（六）配合件加工	能够编制数控加工程序进行配合件加工,尺寸配合公差等级达 IT8 级	1. 配合件的加工方法; 2. 尺寸链换算的方法
	（七）精度检验	1. 能对复杂、异形零件进行精度检验; 2. 能够根据测量结果分析产生误差的原因; 3. 能够通过修正刀具补偿值和修正程序来减少加工误差	1. 复杂、异形零件的精度检验方法; 2. 产生加工误差的主要原因及其消除方法
五、维护与故障诊断	（一）日常维护	能完成加工中心的定期维护保养	加工中心的定期维护手册
	（二）故障诊断	能发现加工中心的一般机械故障	1. 加工中心机械故障和排除方法 2. 加工中心液压原理和常用液压元件
	（三）机床精度检验	能够进行机床几何精度和切削精度检验	机床几何精度和切削精度检验内容及方法

4. 比重表

4.1 理论知识

项　　目		中级（%）	高级（%）	技师（%）	高级技师（%）
基本要求	职业道德	5	5	5	5
	基础知识	20	20	15	15
相关知识	加工准备	15	15	25	—
	数控编程	20	20	10	—
	加工中心操作	5	5	5	—
	零件加工	30	30	20	15
	机床维护与精度检验	5	5	10	10
	培训与管理	—	—	10	15
	工艺分析与设计	—	—	—	40
合　　计		100	100	100	100

4.2 技能操作

项 目		中级(%)	高级(%)	技师(%)	高级技师(%)
机能要求	加工准备	10	10	10	—
	数控编程	30	30	30	—
	加工中心操作	5	5	5	—
	零件加工	50	50	45	45
	机床维护与精度检验	5	5	5	10
	培训与管理	—	—	5	10
	工艺分析与设计	—	—	—	35
合 计		100	100	100	100